长夏膳食

《本草·膳——五季调身》第三册

首席专家 刘学文

主编 刘福龙 方振伟

人民卫生出版社

图书在版编目（CIP）数据

长夏膳食/刘福龙，方振伟主编. --北京：人民体育出版社，2020（2022.4重印）
（本草·膳.五季调身；第三册）
ISBN 978-7-5009-5771-3

Ⅰ.①长… Ⅱ.①刘… ②方… Ⅲ.①保健—食谱 Ⅳ.①TS972.161

中国版本图书馆CIP数据核字（2020）第051626号

*

人民体育出版社出版发行
北京建宏印刷有限公司印刷
新 华 书 店 经 销

*

787×1092 16开本 19印张 335千字
2020年11月第1版 2022年4月第2次印刷

*

ISBN 978-7-5009-5771-3
定价：248.00元（全书共五册）

社址：北京市东城区体育馆路8号（天坛公园东门）
电话：67151482（发行部） 邮编：100061
传真：67151483 邮购：67118491
网址：www.sportspublish.cn
（购买本社图书，如遇有缺损页可与邮购部联系）

导　言

　　本书把草药与膳食结合起来，意在创造一种"本草·膳"文化。简单地说，就是将通常苦涩的药品变成可口的食物，使人们在享受美食的同时达到祛病强身的目的。

　　本书又把药食与季节结合起来，强调随季节变化更换食物以调身。古老的中医学根据五行学说，对应食品之五味和人体之五脏，将自然界的季节也划分为五季，即将我国大部区域之漫长的夏季拆分为夏和长夏两季。其理论认为，春季重在助人体之生，夏季重在助人体之长，长夏重在助人体之化，秋季重在助人体之收，冬季重在助人体之藏。

　　本书依据中医学调身理论，在以国家级名老中医刘学文教授为首的《本草·膳——五季调身》专家委员会的鼎力帮助下，历时八年，以150多种可用于保健的草药与大众食材配伍，或研制或收录了870多个饮食品种，力求为广大现代家庭提供既丰富多彩又养生健体的新型膳食。

为方便阅读，本书依季节分为五册，分别为《春季膳食》《夏季膳食》《长夏膳食》《秋季膳食》和《冬季膳食》。第一册首设"序"，第五册末设"跋"，不重复列。各册正文始均有"开篇"，各册正文末均有"结语"，以突出各册之重点。

为方便检索，在各册末均安排了该册的"食材索引"和"膳食辅助性治疗索引"。在此有必要说明，尽管书中列出的食疗方多源于中医师的长年经验，且均符合《卫生部关于进一步规范保健食品原料管理的通知》要求，但仍应因人、因时、因病而异，故只能作为参考。

主编者
于2019年10月

目 录

| 开篇　长夏食以化 | 1 |

香薷 ... 2

香薷配绿豆　清暑泄热，解表化湿	3
香薷配小白菜　化湿和中，通利小便	4
香薷配莲藕　化湿和中，通利小便	5
香薷配苹果　健脾化湿，消暑开胃	6
香薷配鸽子蛋　益气健脾，化湿和胃	7

紫苏 ... 8

紫苏配红糖　发汗解表，温中和胃	9
紫苏配芹菜　润肠通便，祛风解表	10
紫苏配黄酒　理气降逆，温胃止痛	11
紫苏配猪肉　健脾和胃，行气宽中	12
紫苏配大白菜　发表散寒，理气醒脾	13

生姜　　　　　　　　　　　　　　　　　　　　　14

　　生姜配韭菜　补益阳气，温中和胃　　　　　15
　　生姜配饴糖　健脾益气，缓急止痛　　　　　15
　　生姜配黄茶　益气补虚，解表散寒　　　　　16
　　生姜配鸡蛋　温经通脉，发散风寒　　　　　18
　　生姜配糯米　解表散寒，温中和胃　　　　　19
　　生姜配大葱　祛风解表，散寒辟秽　　　　　20
　　生姜配白糖　温中和胃，散寒止呕　　　　　21
　　生姜配鸡肉　温中补虚，润肺止咳　　　　　22
　　生姜配银耳　补益肺气，润肺止咳　　　　　22
　　生姜配黄酒　活血解毒，降逆止呕　　　　　23
　　生姜配面粉　温脾和胃，美容养颜　　　　　24
　　生姜配小米　益气和营，调补脾胃　　　　　24

芦根　　　　　　　　　　　　　　　　　　　　　25

　　芦根配粳米　清热除烦，生津止渴　　　　　26
　　芦根配兔肉　清胃泻热，养阴止渴　　　　　27
　　芦根配雪梨　清泄肺热，除烦止渴　　　　　28
　　芦根配小白菜　清热除烦，通利二便　　　　28
　　芦根配冰糖　清热润肺，除烦止呕　　　　　29

土茯苓　　　　　　　　　　　　　　　　　　　　30

　　土茯苓配绿豆　清热除湿，解毒凉血　　　　31
　　土茯苓配粳米　清热解毒，健脾除湿　　　　31

土茯苓配冬瓜	健脾除湿，利水消肿	32
土茯苓配鸡肉	补中益气，健脾除湿	32
土茯苓配猪脊骨	补中益气，通利关节	33

金荞麦 34

金荞麦配猪肉	清热化痰，利咽止痛	35
金荞麦配粳米	清热化痰，健脾和胃	36
金荞麦配鸡蛋	清热化痰，益气健脾	36
金荞麦配黄酒	清泄肺热，化痰平喘	37

火麻仁 38

火麻仁配白酒	温中补虚，润肠通便	39
火麻仁配糯米	健脾益气，润肠通便	40
火麻仁配猪蹄	养血润肠，美容养颜	40
火麻仁配粳米	益气和胃，润肠通便	41

砂仁 42

砂仁配白萝卜	消积化痰，行气宽中	43
砂仁配猪肘	健脾益气，化湿和胃	43
砂仁配猪肚	化湿醒脾，和胃止痛	44
砂仁配豆腐	理气宽中，行气安胎	45
砂仁配蚶肉	行气调中，健脾和胃	46
砂仁配牛肉	温中补虚，散寒止痛	47

肉豆蔻 48

- 肉豆蔻配面粉　温胃止痛，涩肠止泻　49
- 肉豆蔻配牛肉　补中益气，行气止痛　49
- 肉豆蔻配芋头　温胃散寒，补脾益气　50

苍术 51

- 苍术配香菇　补肝明目，健脾益气　52
- 苍术配白酒　祛风除湿，活血通络　53
- 苍术配黄茶　健脾和胃，祛痰止呕　54
- 苍术配猪肝　养肝明目，健脾益气　55

佩兰 56

- 佩兰配黄茶　清热解暑，和胃醒脾　57
- 佩兰配鸡蛋　清热祛湿，调中和胃　58
- 佩兰配小白菜　清热利湿，健脾醒胃　58
- 佩兰配绿豆　解暑化湿，清热解毒　59

厚朴 60

- 厚朴配猪肚　健脾和胃，补虚强身　61
- 厚朴配粳米　温中理气，健脾燥湿　61
- 厚朴配黄茶　健脾燥湿，理气祛痰　62
- 厚朴配冬瓜　温中燥湿，健脾化痰　62
- 厚朴配香菇　温中散寒，燥湿行气　63

茯苓　　　　　　　　　　　　　　　　　　　　　　　64

茯苓配白糖　养心安神，健脾利水　　　65
茯苓配鲤鱼　健脾益气，利水消肿　　　65
茯苓配甲鱼　补虚健脾，滋阴止汗　　　67
茯苓配大白菜　调中和胃，健脾除湿　　68
茯苓配小米　健脾利水，和胃止痛　　　68
茯苓配糯米　补脾益气，祛湿止泻　　　69

薏苡仁　　　　　　　　　　　　　　　　　　　　　70

薏苡仁配冰糖　健脾利水，柔筋止痛　　71
薏苡仁配糯米　除痹柔筋，健脾益气　　71
薏苡仁配土豆　补中益气，健脾利湿　　72
薏苡仁配菠菜　健脾和胃，补气生血　　73
薏苡仁配猪肺　补肺健脾，止咳平喘　　74
薏苡仁配柿饼　健脾益气，润肺养阴　　75

丁香　　　　　　　　　　　　　　　　　　　　　　76

丁香配芹菜　温中行气，降逆止呃　　　77
丁香配粳米　健脾消食，和胃止痛　　　78
丁香配雪梨　健脾和胃，润肺止咳　　　78
丁香配鸭肉　温中和胃，补肾助阳　　　79
丁香配白糖　除烦止呕，生津止渴　　　80

八角茴香   81

    八角茴香配猪肉   开胃消食，健脾益气   82
    八角茴香配鸡蛋   健脾温中，行气和胃   82
    八角茴香配毛豆   祛寒开胃，健脾益气   83
    八角茴香配鸭肉   滋阴清热，开胃醒脾   83
    八角茴香配鲤鱼   温中开胃，健脾益气   84

花椒   85

    花椒配粳米   温中止痛，散寒除湿   86
    花椒配猪肉   温中健脾，散寒止痛   86
    花椒配鸡肉   温中健脾，益气养血   87
    花椒配冬瓜   温中和胃，利水渗湿   88
    花椒配面粉   温中健脾，和胃散寒   89

干姜   90

    干姜配粳米   温中止痛，和胃散寒   91
    干姜配黄茶   温中散寒，和胃止痛   91
    干姜配红糖   补益脾胃，温中养血   92
    干姜配面粉   健脾益气，温中补虚   93
    干姜配羊肉   温补脾阳，补益中气   93
    干姜配黄瓜   补脾益气，利水祛湿   94

高良姜　　　　　　　　　　　　　　　　　　　95

高良姜配高粱米　温中行气，散寒止痛　　96
高良姜配鸡肉　　温补脾气，散寒止痛　　97
高良姜配鹿肉　　温中散寒，培补元阳　　97
高良姜配乌骨鸡　温中补虚，益气养血　　98
高良姜配平菇　　利水渗湿，行气和胃　　99

黑胡椒　　　　　　　　　　　　　　　　　　100

黑胡椒配豆腐　温中补虚，润肠通便　　101
黑胡椒配洋葱　温中散寒，和胃止痛　　101
黑胡椒配鸡蛋　温胃和中，健脾益气　　102
黑胡椒配土豆　温中止痛，健脾益气　　103

荜茇　　　　　　　　　　　　　　　　　　　104

荜茇配粳米　温中散寒，和胃止痛　　105
荜茇配羊头　温胃止呕，健脾温阳　　105
荜茇配鲤鱼　健脾温中，行气利水　　106
荜茇配牛肉　健脾益气，益胃止痛　　107

枳壳 108

枳壳配鸡蛋　补益脾胃，行气止痛　　109
枳壳配猪肾　降气化痰，补益脾肾　　110
枳壳配冬瓜　健脾和胃，行气通便　　111
枳壳配牛肚　健脾消食，行气除满　　111
枳壳配猪肉　补中益气，行气除满　　112

山楂 113

山楂配粳米　消食导滞，健脾和胃　　114
山楂配茼蒿　活血行气，消瘀止痛　　114
山楂配红糖　消食和胃，行气通便　　115
山楂配猪肉　消食和胃，健脾益气　　116
山楂配芹菜　清热平肝，息风止眩　　117
山楂配木耳　益气补虚，化痰消食　　118
山楂配黄茶　活血行气，健脾化痰　　118
山楂配白酒　活血化瘀，温通经络　　119
山楂配兔肉　健脾益气，消食和胃　　120

鸡内金 121

鸡内金配粳米　健脾益气，和胃消食　　122
鸡内金配猪肚　消食导滞，健脾和胃　　123
鸡内金配鳝鱼　消食导滞，健脾益气　　124
鸡内金配菠菜　清热利湿，润肠通便　　125

生麦芽 126

麦芽配空心菜　疏肝理气，健脾和胃　　127
麦芽配红糖　消食和胃，温补脾气　　　128
麦芽配雪梨　消积开胃，润肺止咳　　　129

莱菔子 130

莱菔子配白蘑菇　消积导滞，行气和胃　131
莱菔子配绿豆　消食和胃，清热解毒　　132
莱菔子配白糖　消食导滞，行气止痛　　133

山药 134

山药配白糖　补益脾气，温中补虚　　　135
山药配猪脑　益智强脑，健脾益气　　　136
山药配羊肉　健脾益气，温补肾阳　　　136
山药配面粉　健脾益气，温中止泻　　　138
山药配小米　健脾消食，和胃止痛　　　139
山药配韭菜　健脾益气，补肾壮阳　　　140
山药配鸡腿蘑　健脾益气，渗湿止泻　　140
山药配猴头菇　益气健脾，和胃止痛　　141
山药配粳米　健脾益气，温中补虚　　　142
山药配糯米　健脾益气，补肺益肾　　　143
山药配鸡胗　活血通经，健胃消食　　　144
山药配甲鱼　健脾益气，滋肾养阴　　　145

山药配西米	健脾益气，养胃美颜	146
山药配猪肾	补脾益气，补益肝肾	147
山药配牛肉	补脾益气，暖胃止痛	148
山药配板栗	健脾温中，补益肾气	149
山药配羊奶	滋阴养胃，补肾健脾	150

白扁豆   151

白扁豆配粳米	补脾益气，利水渗湿	152
白扁豆配羊肉	温补肾阳，培补脾气	153
白扁豆配面粉	健脾祛湿，美容养颜	154
白扁豆配黄茶	健脾益气，利水渗湿	154
白扁豆配玉米	健脾益气，利水消肿	155
白扁豆配西红柿	健脾益气，除湿止泻	155
白扁豆配白芝麻	健脾益气，润肠通便	156

白扁豆花   157

白扁豆花配猪排	健脾益气，渗湿止泻	158
白扁豆花配银耳	清热解暑，润肺止咳	159
白扁豆花配粳米	清热除湿，健脾益气	160
白扁豆花配鸭蛋	清热除湿，健脾止带	160
白扁豆花配白糖	清热解毒，涩肠止泻	161

人参 162

人参配菠菜 健脾益气，安神益智	163
人参配粳米 大补元气，补脾益肺	163
人参配冰糖 健脾益气，生津止渴	165
人参配橙皮 补脾益气，行气止痛	166
人参配鸡蛋 补脾益气，温补元阳	167
人参配羊肺 益气补肺，健脾补虚	168
人参配胡桃肉 补肾纳气，温肺散寒	169
人参配白酒 大补元气，补肾壮阳	170

白术 171

白术配猪肚 补脾益气，和中止呕	172
白术配粳米 健脾和胃，温中止痛	173
白术配鸡肉 健脾益气，温中止痛	173
白术配黄茶 健脾益气，通利小便	174
白术配羊肉 健脾和胃，理气化痰	175

黄芪 176

黄芪配毛豆 补脾益气，温中止呕	177
黄芪配鲤鱼 健脾益气，利水消肿	178
黄芪配鲈鱼 益气固表，健脾止汗	179
黄芪配粳米 健脾益肺，益气养血	180
黄芪配鸡肉 益气补血，补益肺脾	181

黄芪配猪肝	健脾益气，养血柔肝	182
黄芪配羊肚	健脾益气，固表止汗	183
黄芪配鹌鹑	补脾益气，利湿止泻	184
黄芪配虾皮	补脾益气，培补肾气	184
黄芪配羊肉	益气健脾，温阳补肾	185
黄芪配丝瓜	健脾益气，活血通络	186
黄芪配猪肉	健脾补肺，益气养血	188
黄芪配鹅肉	补益中气，健脾利水	188
黄芪配牛舌	益气升阳，温补脾气	190
黄芪配乌骨鸡	益气补脾，调经止痛	191
黄芪配牛肉	补脾益肺，益气养血	191
黄芪配鸡胗	健脾消食，和胃止痛	193
黄芪配鲫鱼	温中补虚，利水消肿	193
黄芪配咖啡	健脾益肺，益气固表	194

党参　　　　　　　　　　196

党参配冬瓜	益气健脾，行气利水	197
党参配鳝鱼	益气健脾，除湿通痹	197
党参配猪肘	益气健脾，温中补虚	198
党参配鸡肉	温补脾肺，益气养血	199
党参配鸭肉	益气养阴，健脾益肺	200
党参配糯米	补气健脾，和胃止痛	201
党参配猪尾巴	益气补中，补益肾阳	202
党参配猪心	健脾益肺，宁神定志	203
党参配猪肝	补心宁神，养血柔肝	204

党参配粳米	益气健脾，温中补虚	205
党参配猪蹄	益气养血，通经下乳	206
党参配牛肉	健脾温中，补肺固表	208
党参配牛肚	健脾益气，温胃止呕	209

蜂蜜 210

蜂蜜配香油	润肠增液，通利大便	211
蜂蜜配牛奶	滋阴润燥，润肠通便	211
蜂蜜配苹果	润喉止痒，清热利咽	212
蜂蜜配羊奶	滋阴养胃，润肠通便	212
蜂蜜配白萝卜	润肺止咳，下气平喘	213

刺五加 214

刺五加配猪肉	养心安神，益肾健脾	215
刺五加配大白菜	补益肾气，开胃醒脾	216
刺五加配鸡蛋	健脾益肾，调补气血	217
刺五加配香菇	益气健脾，美容养颜	218

红景天 219

红景天配粳米	健脾益肺，美容养颜	220
红景天配猪脊骨	补益脾气，强筋壮骨	220
红景天配乌骨鸡	温中补虚，养心安神	221

当归　　222

当归配鳝鱼　益气养血，培补脾气　　223
当归配鸡肉　温中补虚，益气养血　　224
当归配猪肾　益气养血，温补肾气　　224
当归配羊肉　温补肾阳，养血补虚　　225
当归配乌骨鸡　益气养血，活血调经　　227
当归配狗肉　益肾壮阳，养血活血　　228
当归配鸡蛋　健脾温中，养血活血　　229

阿胶　　230

阿胶配糯米　健脾益肺，补血止血　　231
阿胶配小白菜　清热解毒，滋阴养血　　232
阿胶配鸡蛋　滋阴清热，养血止血　　233

沙棘　　234

沙棘配白糖　化痰止咳，散瘀化滞　　235
沙棘配芋头　补脾益肾，化痰降气　　236
沙棘配海虾　补肾益肺，祛痰止咳　　236
沙棘配苹果　化痰止咳，润肠通便　　237
沙棘配豆腐　润肺止咳，养阴润燥　　238

大枣 239

大枣配猪皮	健脾补血，美容养颜	240
大枣配驼肉	健脾益气，补血养心	241
大枣配银耳	滋阴补血，润肺止咳	242
大枣配羊奶	补益气血，健脾益胃	242
大枣配糯米	健脾温中，益气养血	243
大枣配粳米	健脾益气，温中补虚	243
大枣配木耳	健脾益气，温中补血	245
大枣配面粉	补脾益气，消食和胃	246
大枣配花生	益气健脾，补血养心	246
大枣配羊骨	益气养血，补脾益肾	248
大枣配鸭肉	补脾益气，滋养胃阴	249
大枣配猪肘	补脾温中，益气养血	250

太子参 251

太子参配苹果	益气养阴，生津止渴	252
太子参配面粉	健脾益气，补血养心	253
太子参配白糖	益气养阴，宁心安神	254

结语 255

食材索引 256

膳食辅助性治疗索引 258

开篇

长夏食以化

经云:"脾主长夏,足太阴阳明主治,其日戊己,脾主湿,急食苦以燥之。"王冰注:"长夏,谓六月也,夏为土母,土长于中,以长而治,故云长夏。"今以夏至到处暑期间为长夏。长夏炎热多雨,万物盛发,应"土爰稼穑"之理,脾主运化精微以奉养周身,与长夏气同。脾属土,在色为黄,在味为甘,在气为湿,属中央,过湿则困脾。故长夏养生重在脾,以健脾祛湿为主。

本册涉及香薷、紫苏等药食同源类或可应用于保健食品类的中药41种,以期指导读者通过合理的膳食搭配达到长夏季清暑益气,健脾祛湿及防治本季常见病的目的。

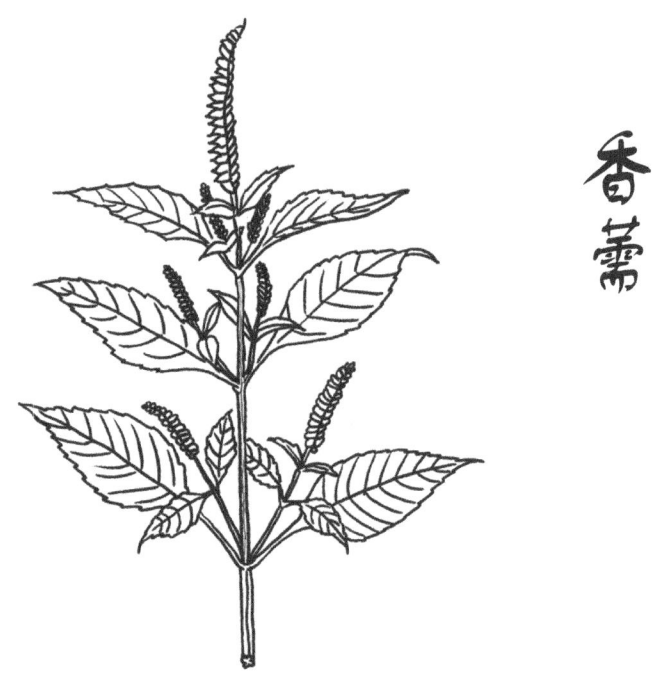

香薷

【来源】唇形科植物石香薷或者江香薷干燥的地上部分。

【性味归经】辛,微温。归肺、胃经。

【功效与主治】发汗解表,化湿和中,利水消肿。主治夏季感冒风寒、呕吐、水肿等疾病。适用于夏季贪凉、感冒风寒所导致的发热、恶寒、头痛、无汗和暑季恣食生冷、湿阻脾胃所导致的呕吐、泄泻等症状,以及肺失通调、复感湿邪所导致的眼睑浮肿不开、肢节酸痛、小便短少或喉咙红肿疼痛等症状。

【药理成分】含有挥发油,百里香酚、香荆芥酚等酚类物质,聚伞花素、甾醇、黄酮苷等。

【附注】汗多表虚者不宜单独食用。

香薷配绿豆　清暑泄热，解表化湿

调味香薷绿豆饮

【食药材】香薷5克，厚朴3克，金银花3克，连翘3克，鲜扁豆花5克，薄荷5克，绿豆50克，冰糖等调味品适量。

【膳食制法】

1. 将绿豆用温水浸泡30分钟，放入砂锅中煮30分钟。
2. 将香薷、厚朴、连翘、金银花洗净并放入砂锅中，继续煎煮10分钟。
3. 后下薄荷、鲜扁豆花，开锅后5分钟，去渣取汁，加冰糖调味，即可饮用。

【功效与主治】清暑泄热，解表化湿。适用于夏月暑湿感冒。对内伤暑湿、复感外寒所致的发热头痛、周身疼痛、恶寒无汗、心烦口渴、胸闷不舒、呕逆不适等症状有一定疗效。

【膳食服法】代茶饮。

【医学分析】膳食中香薷辛温芳香，其发散风寒、化湿和中，外能祛暑解表，内能化湿和中，是治疗暑病兼夹寒湿之要药。因此证夏月多见，故前人说"夏月之用香薷，犹冬月之塞，故恶寒无汗；湿浊内困，故胸闷苔腻。治宜清暑热，散风寒，化湿用麻黄"。本膳食以香薷为主药，并以此命名。加配以金银花、鲜扁豆花、连翘、绿豆清暑解热、除烦止渴；厚朴化湿行气。六味合用共奏清暑泄热、解表化湿之效。故服用本饮对暑热兼表挟湿所致的夏月暑湿感冒等疾病有一定疗效。

【附注】发热汗多者慎用。

香薷配小白菜　化湿和中，通利小便

【食材介绍——小白菜】

小白菜，又名青菜，属十字花科植物。小白菜含有蛋白质、脂肪、碳水化合物、膳食纤维、胡萝卜素、维生素B_1、维生素B_2、烟酸、维生素C、钙、磷、铁等多种成分。中医认为，小白菜味甘、性平，归肺经，具有清热解毒、除烦利尿的功效。现代医学研究表明，小白菜含有大量的维生素和矿物质，为机体生长发育提供了充足的原料。小白菜富含具有降胆固醇作用的粗纤维，进而防治动脉硬化。小白菜中的粗纤维可促进大肠蠕动，加速排出肠内毒素。小白菜含钙量高，是补钙的优良蔬菜。小白菜含有丰富的维生素C，可促进机体新陈代谢，减少色斑沉着，美白、润泽皮肤，延缓衰老。此外，其所含的维生素C，在体内经过一系列转化后，生成"透明质酸抑制物"，具有抗癌作用。一般人均可食用小白菜，尤其适宜于骨质疏松、雀斑、血脂异常、动脉硬化、腹胀、便秘、牙龈肿痛等人群。脾胃虚寒者不宜单独多食。

香薷小白菜汤

【食药材】香薷5克，扁豆20克，小白菜30克，冰糖等调味品适量。

【膳食制法】

1. 将香薷、扁豆洗净，放入砂锅，加清水适量，武火烧开，文火煎煮30分钟，去渣取汁，备用。
2. 将药汁加清水适量，武火烧开，再放入洗净的小白菜同煮。
3. 水沸，加冰糖调味，即可食用。

【功效与主治】化湿和中，通利小便。适用于水肿等疾病。对肺失通调、复感湿邪所致的眼睑浮肿、肢节酸痛、小便短少、喉咙肿痛等症状有一定疗效。现代医学研究表明，香薷对感冒有一定防治作用。

【膳食服法】代茶饮。

【医学分析】膳食中扁豆利湿和中，香薷化湿利小便，小白菜为清热解毒效果甚佳的绿色蔬菜。三味相合共奏化湿和中、通利小便之效。故服用本品对湿浊邪气阻滞、脾胃不和所致的呕吐腹泻、小便不利、水肿等疾病有一定疗效。若夏季兼感暑热，兼见有心烦发热、头昏等症者，可加金银花、荷叶等清热祛湿。

香薷配莲藕　化湿和中，通利小便

香薷莲藕茶

【食药材】香薷5克，薄荷3克，淡竹叶2克，车前草2克，莲藕50克，蜂蜜等调味品适量。

【膳食制法】

1. 将香薷、淡竹叶、车前草去除杂物，清水洗净，用纱布包好，放入砂锅，加清水适量，武火烧开，文火煎煮30分钟，去渣取汁，备用。薄荷水冲，纱布包好，备用。

2. 将药汁加水适量，与藕片同煮至藕片熟透。

3. 放入薄荷包，再煎5分钟，去除药袋，加入蜂蜜调味，即可食用。

【功效与主治】化湿和中，通利小便。适用于水肿、中暑等疾病。对肺失通调、复感湿邪所致的周身浮肿、肢节酸痛、小便短少、喉咙肿痛等症状，以及外感暑邪所致的四肢困倦、小便短少、懒于动作、胸满气促、肢节烦疼、或气高而喘、身热而烦、小便黄数等症状有一定疗效。

【膳食服法】餐时服用。

香薷配苹果 健脾化湿，消暑开胃

香薷柠檬醋

【食药材】香薷10克，苹果切片500克，冰糖100克，醋600克。

【膳食制法】

1. 将苹果清洗干净后，去皮，切片。
2. 在玻璃瓶底部放一层苹果片，再倒入一层冰糖，重复上述操作。
3. 约叠至瓶身一半高度时，将洗净的香薷放入瓶中。
4. 再继续以一层苹果片、一层冰糖的方式装入瓶中直至材料用毕。
5. 最后倒入醋，盖上瓶盖密封，放置于阴凉干燥处，1日后即可食用。

【功效与主治】健脾化湿，消暑开胃。适用于厌食、痞满等疾病。对脾运失健所致的厌恶进食、饮食乏味、食量减少或有胸脘痞闷、嗳气泛恶、食后腹满等症状，以及外感暑湿所致的脘腹痞满、闷塞不舒、胸膈满闷、头重如裹、身重肢倦、恶心呕吐等症状有一定疗效。

【膳食服法】餐时服用。

香薷配鸽子蛋 益气健脾，化湿和胃

香薷化湿鸽子蛋

【食药材】香薷10克，熟鸽子蛋200克，熟鸭掌30克，樱桃10克，油菜50克，虾仁50克，猪肉50克，鸡蛋清30克，食盐等调味品适量。

【膳食制法】

1. 将樱桃洗净、去核、捣碎，香薷洗净并研末，虾仁、猪肉打成泥，备用。

2. 将香薷末、樱桃末、虾泥、肉泥、鸡蛋清、盐混匀后，抹在鸭掌上，排放在一深碟内。

3. 将熟鸽子蛋去壳，逐个排放在熟鸭掌上。

4. 碟子放在蒸笼内，蒸30分钟，即可食用。

【功效与主治】益气健脾，化湿和胃。适用于腹痛、眩晕等疾病。对脾虚湿盛所致的大便稀溏、饮食减少、食后脘闷不舒、面色萎黄、神疲倦怠、头重如蒙、视物旋转、胸闷作恶、呕吐痰涎、食少多寐等症状有一定疗效。现代医学研究表明，本方对高血压、血脂异常症、糖尿病、须发早白有一定的防治作用。

【膳食服法】餐时服用。

【来源】唇形科植物紫苏的干燥叶或带叶的小软枝。

【性味归经】辛,温。归肺、脾经。

【功效与主治】散寒解表,行气和中,安胎止呕,解鱼蟹毒。主治风寒感冒、呕吐、胎动不安、妊娠恶阻、食物中毒等疾病。适用于风寒犯表所致的恶寒、发热、无汗等症状,以及脾胃气滞所致的胸闷、呕恶、胎动异常等症状。此外,紫苏还有缓解鱼蟹中毒的功效。

【药理成分】含有挥发油、左旋柠檬烯、紫苏醛、紫苏苷等。

【附注】自汗多汗、温病及气弱表虚者不宜单独食用。

紫苏配红糖　发汗解表，温中和胃

紫苏姜陈红糖茶

【食药材】紫苏10克，大枣10枚，陈皮3克，生姜5克，红糖15克。

【膳食制法】

1. 将紫苏叶、生姜、陈皮和大枣洗净，用纱布包好，放入砂锅，加清水适量，武火烧开，文火煎煮30分钟，去渣取汁，备用。

2. 药汁烧开，加入红糖调味，即可饮用。

【功效与主治】发汗解表，温中和胃。适用于胃痛、呕吐、厌食等疾病。对饮食伤胃所致的胃脘疼痛、胀满不消、疼痛拒按、嗳腐吞酸、呕吐腐臭、不思饮食等症状有一定疗效。

【膳食服法】代茶饮。

苏叶生姜红糖饮

【食药材】紫苏6克，生姜3克，红糖5克。

【膳食制法】

1. 将生姜洗净、切丝，紫苏叶洗净，共用纱布包好，装入茶杯内。
2. 以沸水300毫升，加盖浸泡10分钟。
3. 再加入适量红糖搅匀，即可饮用。

【功效与主治】发汗解表，温中和胃。适用于感冒、头痛、胃痛等疾病。对感受风寒所致的恶寒发热、咳嗽无汗、恶心呕吐、腹部胀满、胃脘不适等症状，以及风邪上扰所致的头痛如裂、痛引项背、恶风畏寒等症状有一定疗效。

【膳食服法】代茶饮。

【医学分析】膳食中紫苏叶，其性味辛温，功能散寒发汗解表、行气宽中和胃，既能治外感风寒、恶寒发热、头痛、无汗之表寒证，又能疗气机阻滞之胀闷、呕恶和咳嗽吐痰，为治疗外感风寒证兼气郁之胃肠型感冒的要药。生姜亦长于外散风寒以发汗解表，内温肺胃以止咳和中，与紫苏共用，既增强温散之力，又能提高和中之效。红糖则能温中和胃、和营止痛，同时调和药味，中和辛辣味苦之药汤，使之成为甘甜适口之饮料。各药合用，共奏解表和中之效。故食用本代茶饮对外感风寒、肺气不宣所致的恶寒发热、头痛、咳嗽及内伤气滞、脾胃失和所致的脘腹胀痛、恶心呕吐有一定疗效。本方作用较缓和，对症状轻浅者最为适合。紫苏有理气安胎之效，故孕妇感寒者亦可选用。

紫苏配芹菜　润肠通便，祛风解表

紫苏麻仁芹菜粥

【食药材】紫苏15克，麻子仁10克，粳米50克，芹菜30克，食盐等调味品适量。

【膳食制法】

1. 将紫苏叶洗净，麻子仁洗净并捣碎，纱布包好，放入砂锅，加清水适量，武火烧开，文火煎煮30分钟，去渣取汁，备用。
2. 将芹菜洗净，切丁，备用。
3. 将洗净的粳米放入砂锅，加药汁及清水适量，煮至粥熟，加芹菜丁及食盐煮沸，即可食用。

【功效与主治】润肠通便，祛风解表。适用于便秘疾病。对津液亏虚所致的大便干结、腹胀腹痛、面红身热、口干口臭、心烦不安、小便短赤或便而不畅、肠鸣矢气、胸胁满闷、嗳气频作、饮食减少等症状，以及感受风邪所致的咳嗽身痛等症状有一定疗效。

【膳食服法】餐时服用。

【医学分析】膳食中麻子仁味甘、性平，功效为润肠通便；紫苏叶性味辛温，功能行气宽中和胃。上两味与粳米同煮为粥，既能通便又能补养胃气，共奏润肠通便、祛风解表之效。使用本品对体弱兼津枯肠燥所致的便而不畅、肠鸣矢气、腹中胀痛等症状有一定疗效。如腹胀便秘较重者，可将紫苏改为紫苏子10克。《丹溪心法》云："紫苏麻仁粥，老年人服之能顺气、滑大便。紫苏子、麻子仁，上二味不拘多少，研烂，水滤取汁，煮粥食之。"本方是治疗体弱、便秘的有效食疗方。热病、久病之后、产后及老年人，体弱津枯，则肠燥便秘。对此清之不宜，攻之难下，非此粥不能胜此任，故备受历代医家重视。如《冯氏锦囊秘录》说："产后汗多大便秘结，唯麻子粥最稳。"《本事方》说："妇人产后，多汗则大便秘结，难于用药，唯麻子苏子粥最佳且稳。"《成方切用》指出："麻仁苏子粥，老人产妇气血不足者，所宜用也。"可见本粥确系治疗体弱津枯便秘之妙方。

【附注】大便稀溏者慎食。

紫苏配黄酒　理气降逆，温胃止痛

紫苏叶黄酒

【食药材】紫苏叶50克，黄酒500克。

【膳食制法】

1. 将紫苏叶洗净，晾干，用纱布包好。
2. 将包好的紫苏叶放入黄酒中，密封7天，每日摇晃1次，即可饮用。

【功效与主治】理气降逆，温胃止痛。适用于呃逆、腹痛等疾病。对气机不畅所致的呃声频作、胸胁满闷、脘腹胀满、纳减嗳气、肠鸣矢气等症状，以及脾胃虚寒所致的腹痛绵绵、喜热恶冷、神疲乏力、气短懒言、形寒肢冷、胃纳不佳、大便溏薄、面色不华等症状有一定疗效。

【膳食服法】适量饮用。

紫苏配猪肉 健脾和胃，行气宽中

紫苏叶香包饭

【食药材】新鲜紫苏叶适量，猪肉100克，洋葱头1个，姜3片，带叶莴笋1根，泡发香菇2朵，熟米饭1中碗，菜油2小勺，料酒、鲜酱油、胡椒粉等调味品适量。

【膳食制法】

1. 猪肉洗净切末并加料酒、鲜酱油腌制，洋葱、香菇、莴笋切粒，姜切末，备用。

2. 热锅加菜油，放姜末、洋葱粒炒香，放入肉末炒至变色熟透，加料酒、酱油。

3. 放入莴笋粒、香菇粒翻炒，至熟。

4. 加入米饭，拌炒均匀，加胡椒粉调味，出锅。

5. 新鲜紫苏叶铺开，包住炒香的饭菜，即可食用。

【功效与主治】健脾和胃，行气宽中。适用于感冒、呕吐等疾病。对中焦气滞所致的脘腹胀满、恶心呕吐、腹痛拒按、心烦乏力、不欲饮食等症状，以及外感风寒所致的鼻塞清涕、咳而有痰、恶寒发热等症状有一定疗效。

【膳食服法】餐时服用。

紫苏配大白菜　发表散寒，理气醒脾

凉拌紫苏叶

【食药材】紫苏嫩叶300克，大白菜50克，麻油2克，食盐、酱油适量。

【膳食制法】

1. 将紫苏叶、大白菜洗净，热水焯一遍。
2. 将紫苏嫩叶切段，大白菜切丝。
3. 二者共放盘内，加入食盐、酱油、麻油拌匀，即可食用。

【功效与主治】发表散寒，理气醒脾。适用于感冒、咳嗽等疾病。对外感风寒所致的恶寒发热、咳嗽气喘、胸腹胀满、鼻流清涕等症状，以及食用鱼蟹导致的腹痛肠鸣、恶心呕吐、泻下不止等症状有一定疗效。

【膳食服法】餐时服用。

【来源】多年生草本植物姜新鲜的根茎。

【性味归经】辛,微温。入肺、脾、胃经。

【功效与主治】散寒解表,降逆止呕,温肺止咳,解毒。主治感冒、呕吐、咳嗽、腹泻等疾病。适用于风邪犯表所致的恶寒、发热、无汗和胃气上逆所致的呕吐食物、胸脘满闷、不思饮食等症状,以及风寒犯肺所致的咳声重浊、气急喉痒、鼻塞流涕等症状。此外生姜还能解半夏、天南星及鱼蟹之毒。

【药理成分】含有水芹烯、姜醇、姜烯、柠檬醛、芳樟醇氨基酸等。

【附注】阴虚内热、有出血及目赤肿痛者不宜单独食用。

生姜配韭菜 补益阳气，温中和胃

生姜韭菜牛乳饮

【食药材】生姜100克，韭菜500克，牛乳200毫升。

【膳食制法】

1. 将韭菜、生姜洗净并放入榨汁机中，去渣取汁。
2. 将上汁与牛乳混合，搅拌均匀，武火煮沸，即可饮用。

【功效与主治】补益阳气，温中和胃。适用于呕吐、反胃等疾病。对胃阳不足所致的食后脘腹胀满、朝食暮吐、暮食朝吐、吐物不化、神疲乏力、腹部喜温、大便艰涩等症状有一定疗效。

【膳食服法】代茶饮。

生姜配饴糖 健脾益气，缓急止痛

【食材介绍——饴糖】

饴糖，又名胶饴，是以高粱、大麦、玉米等为原料，经过发酵、糖化而制成的食品。饴糖含有麦芽糖、葡萄糖、蛋白质、脂肪、维生素B_2、维生素C、烟酸、铁等多种成分。中医认为，饴糖味甘，性温，归脾、胃、肺经，具有补中益气、缓急止痛、润肺止咳的功效。现代医学研究表明，饴糖主要成分是麦芽糖，麦芽糖在人体内经过转化后生成葡萄糖，可以为人体提供充足能量。常食饴糖，有助于缓解咳嗽、减轻疼痛，并有通便作用。一般人均可食用饴糖，尤其适合体虚、咳嗽、腹痛等人群。肥胖、糖尿病等人群不宜单独食用。

生姜饴糖饮

【食药材】鲜生姜10克,饴糖40克。

【膳食制法】

1. 将清水倒入锅中加热至沸腾。
2. 将生姜洗净切末,同饴糖一起加入沸水中泡焖10分钟,即可饮用。

【功效与主治】健脾益气,缓急止痛。适用于呕吐、胃痛等疾病。对脾胃虚寒所致的食后易吐、胃纳不佳、脘腹痞闷、面白少华、倦怠乏力等症状,以及感受寒邪所致的胃痛暴作、拘急疼痛等症状有一定疗效。

【膳食服法】代茶饮。

【医学分析】膳食中生姜解表散寒,温胃和中,降逆止呕。《本草纲目》载:"生姜发散,熟用和中。"饴糖甘温,健脾益胃,能助生姜发散温中。两味相配共奏健脾益气、缓急止痛之效。故服用本饮对感受寒邪所致的呕吐等症状有一定疗效。本品对脾胃虚弱之老年、小儿患者尤宜。但生姜饴糖饮辛温发散,故暑热呕吐及胃热呕吐者慎用。

生姜配黄茶 益气补虚,解表散寒

生姜红枣黄茶

【食药材】生姜50克,红枣50克,甘草6克,黄茶5克。

【膳食制法】

1. 将红枣、生姜、甘草洗净,红枣去核,生姜切片。
2. 上三味用纱布袋包好放入锅中,同煮30分钟,拣出药包,滤渣取汁。
3. 将黄茶放入保温杯中,兑入煮沸的药汁,即可饮用。

【功效与主治】益气补虚,解表散寒。适用于感冒等疾病。对感受风寒所致的感冒频作、清窍不利、鼻流清涕、发热恶寒、咳吐痰涎、咳嗽咽痒等症状有一定疗效。

【膳食服法】代茶饮。

姜连茶

【食药材】生姜5克，黄连2克，黄茶5克。

【膳食制法】

1. 将生姜、黄连洗净，用纱布包好，放入砂锅，加清水适量，武火烧开，文火煎煮30分钟，去渣取汁，备用。

2. 药汁烧开，冲泡黄茶，即可饮用。

【功效与主治】清热利湿，温胃止痛。适用于泄泻、痢疾等疾病。对湿邪偏盛所致的便泻清稀、腹痛肠鸣、脘闷食少、发热头痛、肢体酸痛等症状，以及热袭肠络所致的腹痛拘急、痢下赤白、里急后重、头身困重等症状有一定疗效。

【膳食服法】代茶饮。

【医学分析】膳食中黄连苦寒，寒能清热，苦能燥湿。生姜性味辛温，有散寒发汗、和胃止呕等多种功效。黄茶可清热解毒、止痢除湿。三味合用共奏清热解毒、燥湿止泻之效。"暴注下迫，皆属于热"，湿热之邪犯及肠胃，纳运传化失常而发泄泻。证见里急后重、泻下急迫，或如水注，或泻而不爽，粪色黄褐辛臭，肛门灼热，烦热口渴，小便短赤。故食用本品对湿热之邪犯及肠胃所致的泄泻、痢疾等疾病有一定疗效。现代医学研究表明，黄连中含有黄连素，为广谱抗菌之中药，对痢疾、伤寒、霍乱、大肠等杆菌，均有很强的抑菌效果，对于急性肠炎和痢疾也有良好疗效。姜汁炒用，既减黄连之寒，防其伤正，又能和肠胃、止吐泻。黄茶清热祛湿、利尿杀菌，能助黄连之功。

生姜红糖茶

【食药材】生姜10克，黄茶5克，红糖5克。

【膳食制法】

1. 将生姜洗净去皮，黄茶研末。

2. 将以上两味用纱布袋包好，放入清水锅中，煎煮10分钟。

3. 加入红糖调味，即可饮用。

【功效与主治】祛风散寒，发汗解表。适用于感冒、咳嗽等疾病。对风寒束表所致的热轻寒重、无汗头痛、流涕喉痒、痰色稀白等症状，以及风寒袭肺所致的咳嗽重浊、肢节酸疼、鼻塞声重等症状有一定疗效。

【膳食服法】代茶饮。

生姜配鸡蛋　温经通脉，发散风寒

姜艾煮蛋

【食药材】生姜15克，艾叶10克，鸡蛋5只，食盐等调味品适量。

【膳食制法】

1. 将艾叶、生姜、带壳鸡蛋洗净，同时放入适量水中煮30分钟。

2. 去壳取蛋，并在锅中加入食盐调味品，放入水中，再煮30分钟，即可食用。

【功效与主治】温经通脉，发散风寒。适用于行经腹痛、带下病等疾病。对下焦虚寒所致的经前或经期小腹冷痛拒按、经血量少、畏寒肢冷、面色青白等症状，以及湿邪内蕴所致的带下过多或带下过少等症状有一定疗效。

【膳食服法】餐时服用。

【医学分析】膳食中艾叶为菊科植物家艾的干燥叶，其性辛香而温，能温经散寒止痛，入三阴经，能暖气血而温经脉、逐寒邪而止冷痛，是妇科经带之要药，与生姜、鸡蛋相配，能温中散寒。生姜，可增强温散里寒之力。鸡蛋是营养丰富的食品，其性味甘、平，具有益中气、补气血、安五脏之功。本膳食中应用鸡蛋，可以补充营养，扶助正气，并能缓和艾叶温燥辛辣之性味。三味相配共奏温经通脉、发散风寒之效。盖因冲脉为血海，任脉主胞胎，其二经皆起于少腹，为肝肾之根本。若下元不足，阴寒内生，则冲任失于温养；或久居阴湿之地、经期涉水感寒，使得寒邪伤于下焦，客于胞宫，故气血必为寒气凝涩，致运行不畅发病。故服用本品可对下元不足、冲任受寒所致行经腹痛、带下病等疾病有一定疗效。

【附注】热性体质者不宜食用。

生姜配糯米 解表散寒,温中和胃

生姜糯米粥

【食药材】鲜生姜10克,糯米50克,盐、葱花等调味品适量。

【膳食制法】

1. 先将糯米洗净下锅,煮30分钟,至二、三沸,成稀粥为度。
2. 再将生姜洗净切碎,放入锅中,煮5分钟,再加入盐、葱花调味,即可食用。

【功效与主治】解表散寒,温中和胃。适用于感冒、呕吐等疾病。对感受风寒所致的恶寒无汗、鼻塞头痛、咳嗽频作等症状,以及胃气上逆所致的呕逆不止、食后欲吐、胃部不适等症状有一定疗效。

【膳食服法】餐时服用。

【医学分析】膳食中生姜辛温,能解表散寒、温中止呕。糯米味甘性平,补中益气、以资化源,具有扶正祛邪之功,与生姜配伍为粥共奏解表散寒、健脾补中、和胃止呕之效。故食用本粥对脾胃素弱的儿童及禀赋不足的老年人感冒屡感屡发、反复不愈者有一定疗效。葱白粥、生姜粥均能治风寒感冒,但前者用于素体壮实,后者用于脾胃虚寒,临床当区别应用。现代医学研究表明,生姜含有挥发油,能促进血液的循环,故能发汗治感冒。其中所含姜辣素能促进胃液分泌及肠道蠕动,以助消化。

生姜配大葱 祛风解表，散寒辟秽

【食材介绍——大葱】

大葱，属百合科植物。大葱含有蒜素、草酸钙、胡萝卜素、维生素B、维生素C、钙、镁、铁等多种成分。中医认为，大葱白味辛，性温，归肺、胃经，有发汗解表、散寒通阳的功效。现代医学研究表明，大葱的香辣味能刺激唾液和胃液分泌，并能解除油腻，进而增进食欲。大葱可以刺激人体汗腺，具有发汗散热的作用，也可以刺激上呼吸道，有利于黏痰咳出。葱中所含大蒜素，具有抗菌、抗病毒作用。葱内的蒜辣素可以抑制癌细胞的生长，对预防胃癌有一定作用。大葱富含维生素C，可以舒张小血管以促进血液循环。此外，大葱还可减少胆固醇的堆积，有利于防治心脑血管疾病。一般人均可食用大葱，尤其适宜于感冒、咳痰、食欲不振等人群。

生姜神仙糯米粥

【食药材】生姜5克，砂仁3克，葱白8根，糯米50克，米醋15毫升，冰糖等调味品适量。

【膳食制法】

1. 将葱白、生姜洗净切碎，砂仁洗净，并用纱布袋包好，糯米淘洗干净。
2. 砂锅中加水适量，放入糯米及药包共煮15分钟，捞出药包。
3. 粥将熟时加入生姜、葱花、米醋，再煮5分钟，加入冰糖适量调味，即可食用。

【功效与主治】祛风解表，散寒辟秽。适用于感冒、呕吐等疾病。对外感风寒所致的头部疼痛、发热恶寒、咳嗽喷嚏、周身疼痛、鼻塞流涕等症状，以及胃失和降所致的不思饮食、呕吐吞酸等症状有一定疗效。

【膳食服法】餐时服用。

【医学分析】膳食中生姜、葱白能解表散寒、发汗解热。米醋为治疗时行感冒之食材。糯米、砂仁能健脾补气，扶正驱邪而止呕吐，以助药力。五味相配共奏祛风解表、散寒辟秽之效。故食用本品对外感所导致的风寒感冒、暑湿头痛等症状有一定疗效。《食物疗病常识》中："神仙粥专治感冒风寒、暑湿头痛并四时疫气流行等证。初得病三日，服之即解，屡用屡效，非寻常发汗剂可比。"现代医学研究表明，生姜、葱白、米醋对感冒病毒、卡他球菌、肺炎双球菌、甲型链球菌、流感杆菌等，均有很强的抑制和杀灭力。故本膳食是专治重感冒及时行感冒之有效佳粥。

【附注】感冒咽喉肿痛者慎食。

生姜配白糖　温中和胃，散寒止呕

姜汁牛奶

【食药材】生姜汁10毫升，白糖10克，牛奶200毫升。

【膳食制法】

1. 将生姜汁、牛奶共煮沸。
2. 将熟时，加入适量白糖调味，搅匀，即可饮用。

【功效与主治】温中散寒，和胃止呕。适用于妊娠恶阻等疾病。对脾胃虚寒所致的妊娠早期恶心呕吐甚则食入即吐、脘腹胀闷、不思饮食、头晕体倦、怠惰思睡等症状有一定疗效。

【膳食服法】餐时服用。

【医学分析】膳食中牛奶性甘平，能补虚损、益气养血、健母体养胎。而生姜辛温，能温中降逆、和胃止呕。二者相配可共奏温中散寒、和胃止呕之效。饮用本品对脾胃虚寒所致的妊娠呕吐有一定疗效。

生姜配鸡肉 温中补虚，润肺止咳

生姜蒸母鸡

【食药材】姜块20克，母鸡1500克，黄酒50克，葱白20克，花椒、食盐等调味品适量。

【膳食制法】
1. 将母鸡除去内脏并洗净，葱、姜切末。
2. 将黄酒、姜、葱、花椒和食盐放入碗内拌匀，在鸡身内外抹匀，腌制1小时。
3. 将鸡放入盆内，用湿绵纸封住盆口，蒸至鸡肉烂熟。
4. 揭去湿绵纸，去除姜、葱、花椒粒，即可食用。

【功效与主治】温中补虚，润肺止咳。适用于咳嗽、肺痿等疾病。对肺热津伤所致的干咳无痰、咽喉干痒、唇鼻干燥、胸胁掣痛、夜间汗出、活动后汗出等症状有一定疗效。

【膳食服法】餐时服用。

生姜配银耳 补益肺气，润肺止咳

生姜银耳椰子盅

【食药材】生姜15克，椰子1个，银耳30克，蜂蜜10克。

【膳食制法】
1. 将椰子洗净，在蒂部横锯下约五分之一，留下作盖，再倒出椰子汁。
2. 将生姜洗净，切成大片，放入砂锅，加清水适量，武火烧开，文火煎煮20分钟，去渣取汁。
3. 银耳用温水泡发后洗净，入沸水中焯去异味。

4. 将椰子盅放入大蒸碗里，倒入姜汁水、银耳、蜂蜜，再将大蒸碗放入开水中，旺火蒸约2小时，即可食用。

【功效与主治】补益肺气，润肺止咳。适用于咳嗽等疾病。对风燥犯肺所致的喉痒干咳无痰、痰少而黏、咳痰不爽、痰中带丝、咽喉干痛、唇鼻干燥、口干舌燥、口干欲饮等症状有一定疗效。

【膳食服法】餐时服用。

【附注】风寒咳嗽、鼻流清涕者不宜食用。

生姜配黄酒　活血解毒，降逆止呕

冬凌煮酒

【食药材】生姜20克，冬凌草10克，黄酒250毫升，白蜜30克。

【膳食制法】

1. 将生姜洗净切丝。
2. 将冬凌草洗净并用纱布袋包好放入碗内，再加入黄酒，上笼蒸15分钟。
3. 再加入生姜丝、白蜜，搅匀后继续蒸15分钟，即可饮用。

【功效与主治】活血解毒，清热润燥，降逆止呕。适用于呕吐、便秘等疾病。对瘀毒内结所致的饮水难下、食入即吐、吞咽困难、胸背疼痛等症状，以及肠燥津亏所致的大便坚硬、皮肤枯燥、形体消瘦等症状有一定疗效。

【膳食服法】适量饮用。

【医学分析】膳食中冬凌草味苦微寒，可清热解毒、活血止痛。生姜具有发汗解表、温中止呕、温肺止咳、解毒等功效，其辛温发散的作用可促进气血的运行。白蜜补中润燥，有缓急解毒的作用，通过其补益作用可促进人体气血的化生，维持气血的正常运行。黄酒可引药直达肺胃二经而助药力。四味合用共奏活血解毒、和胃止呕之效。故适量饮用本酒可对瘀毒内结所致的吞咽困难、大便秘结等症状有一定疗效。现代医学研究表明，冬凌草具有抗肿瘤作用，其煎剂以及醇提取剂对癌细胞具有明显的杀伤作用，尤其是对食管癌具有肯定的疗效。同时，冬凌草也具有抗菌消炎的作用，其醇提取剂对金黄色葡萄球菌及溶血性链球菌均有明显抑制作用。

生姜配面粉　温脾和胃，美容养颜

姜炙蒸饼

【食药材】鲜生姜50克，面粉250克，糖等调味品适量。

【膳食制法】

1. 取鲜生姜放入榨汁机中，去渣取汁，盛入瓷盆内。
2. 用姜汁与面粉、糖搅匀，加水和面，做成饼状，入锅蒸熟，即可食用。

【功效与主治】温脾和胃，美容养颜。适用于胃痛等疾病。对寒凝胃脘所致的胃痛隐隐、冷痛不适、喜温喜按、泛吐清水、食少纳呆、神疲乏力、手足不温、大便溏薄等症状有一定疗效。本方久服可美容养颜，对未老先衰之证有一定的防治作用。

【膳食服法】餐时服用。

生姜配小米　益气和营，调补脾胃

生姜大枣小米粥

【食药材】鲜生姜10克，小米150克，大枣2枚，红糖等调味品适量。

【膳食制法】

1. 将鲜生姜洗净切末，大枣洗净去核。
2. 将上两味与小米同煮至粥熟，加入适量红糖，即可食用。

【功效与主治】益气和营，调补脾胃。适用于喘证、痞满等疾病。对外感风寒所引致的喘息气促、胸部胀闷、咳嗽痰多、胃脘胀满、不欲饮食、头痛鼻塞、无汗恶寒、时有发热等症状有一定疗效。

【膳食服法】餐时服用。

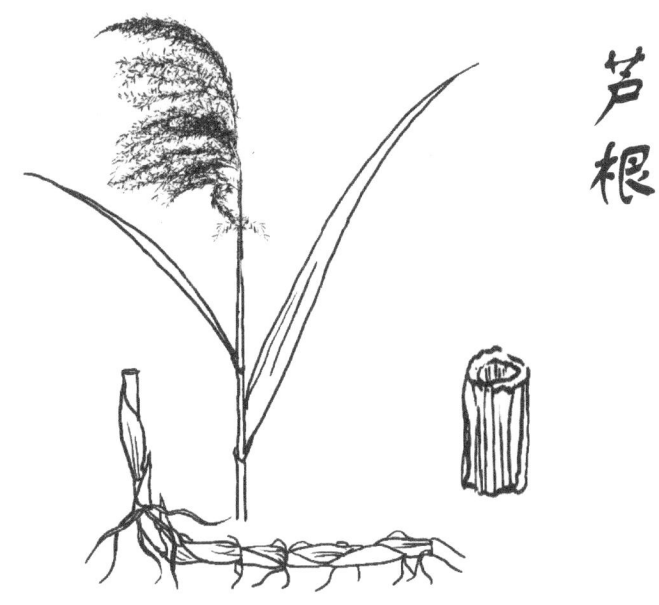

芦根

【来源】禾本科植物芦苇的新鲜根茎。

【性味归经】甘，寒。归肺、胃经。

【功效与主治】清热泻火，生津除烦，止呕利尿。主治消渴、呕吐、咳嗽、淋证等疾病。适用于热病伤津所致的烦热口渴和胃气上逆所致的反胃、呃逆等症状，以及肺热成脓所致的咳吐浓痰、痰中带血和下焦湿热所致的热淋涩痛、小便短赤等症状。

【药理成分】含有蔗糖、蛋白质、还原糖、薏苡素、淀粉、天冬酰胺等。

【附注】脾虚胃寒者不宜单独食用。

芦根配粳米　清热除烦，生津止渴

芦根竹茹粳米粥

【食药材】鲜芦根50克，竹茹5克，生姜3克，粳米100克，盐等调味品适量。

【膳食制法】

1. 将鲜芦根洗净切段，与洗净的竹茹和生姜用纱布袋包好，放入砂锅，加清水适量，武火烧开，文火煎煮20分钟，拣出药包，去渣取汁。
2. 将药汁与粳米煮至粥熟。
3. 加盐调味，即可食用。

【功效与主治】清热除烦，生津止呕。适用于肺痈、呕吐、呃逆等疾病。对邪热壅肺所致的高热口渴、胸满作痛、咳吐浊痰、喉间腥味等症状，以及胃热郁滞所致的恶心呕吐、时有打嗝、喜食冷饮等症状有一定疗效。

【膳食服法】餐时服用。

【医学分析】膳食中芦根味甘性寒，又称为苇茎，入肺、胃经，可清肺热、祛痰排脓并可清胃热、生津止呕，用于肺痈、肺脓疡、咳吐黄脓浊痰、热病烦渴、胃热呕吐、呃逆不止之症。竹茹味甘性凉，能入肺、胃经，可清肺化痰、清胃止呕，主治肺热咳嗽、咯痰黄稠及胃热吐逆之症。芦根、竹茹与粳米、生姜配伍使用，同煮为粥，既能增强疗效，又能养胃和中，亦能缓解胃的刺激。四味相配共奏清热除烦、生津止呕之效。故食用本品对邪热壅肺所致的肺痈、呕吐、呃逆等疾病有一定疗效。

【附注】胃部怕凉者慎食。

芦根配兔肉 清胃泻热，养阴止渴

【食材介绍——兔肉】

兔肉，属兔科动物家兔或野兔的肉。兔肉是高蛋白质、低脂、低胆固醇肉食品，并且肉质易被消化吸收，被称为"保健肉""荤中之素"。兔肉含有蛋白质、脂肪、胆固醇、卵磷脂、维生素A、烟酸、钾、钠、磷、硒等多种成分。中医认为，兔肉味甘，性寒，归肝、大肠经，具有健脾补中、凉血解毒的功效。现代医学研究表明，兔肉含有的蛋白质比例约为猪肉的二倍，但脂肪比例不足猪肉的十分之一，而且脂肪又多为不饱和脂肪酸，多食兔肉，不仅可以营养机体，还不用担心摄入过多脂肪，是肥胖患者、冠心病、血脂异常症者的理想肉食，也适合爱美女性食之，以保持良好身材。兔肉富含卵磷脂，能促进神经发育，预防老年痴呆，有健脑益智的功效，适合儿童和老年人食用；卵磷脂还可以分解脂肪，促进血液循环，改善血液黏稠度，防治动脉硬化。兔肉中含有多种维生素和人体所必需的氨基酸，尤其富含赖氨酸、色氨酸，多食兔肉有利于人体生长发育。一般人均可食用兔肉，尤其适宜儿童、老人及心血管疾病、肥胖症等人群。孕妇及经期女性、脾胃虚寒者不宜单独食用。

芦根止渴兔丁

【食药材】鲜芦根30克，麦冬5克，沙参5克，熟兔肉400克，鲜汤适量。食盐、酱油、胡椒粉、姜汁、麻油等调味品适量。

【膳食制法】

1. 将熟兔肉切成小块。
2. 将食盐、酱油、胡椒粉、姜汁、麻油等调味品加鲜汤调成料汁。
3. 将麦冬、沙参、芦根洗净并用纱布袋包好，放入砂锅，加清水适量，武火烧开，文火煎煮30分钟，去渣取汁，备用。
4. 将炒锅洗净置于中火上，倒入药汁，加入兔块，煮20分钟，捞出兔肉。
5. 兔肉淋上料汁，即可食用。

【功效与主治】清胃泻热，养阴止渴。适用于消渴、咳嗽等疾病。对胃热津伤所致的多食易饥、口渴尿多、形体消瘦、大便干燥等症状，以及肺热阴伤所致的咽喉痒痛、干咳少痰、咳痰不爽、痰中带血、鼻塞头痛、微寒身热等症状有一定疗效。

【膳食服法】餐时服用。

【附注】胃部怕凉者慎食。

芦根配雪梨　清泄肺热，除烦止渴

五汁饮

【食药材】鲜芦根20克，麦冬10克，雪梨60克，荸荠30克，莲藕30克，白糖适量。

【膳食制法】
1. 将麦冬用温水泡发30分钟，雪梨、荸荠、莲藕、芦根洗净并切丁。
2. 将所有食材放入砂锅，加清水适量，武火烧开，文火煎煮30分钟，倒入杯中，加白糖调味，即可饮用。

【功效与主治】清泄肺热，除烦止渴。适用于感冒、发热等疾病。对外感热邪所致的口渴心烦、发热恶寒、头痛无力、恶心呕吐、关节疼痛、大便秘结、小便黄赤等症状有一定疗效。

【膳食服法】餐时饮用。

芦根配小白菜　清热除烦，通利二便

芦斛瘦肉汤

【食药材】芦根20克，石斛10克，猪肉50克，小白菜60克，盐等调味品适量。

【膳食制法】

1. 将石斛、芦根洗净并用纱布袋包好，猪肉洗净切块，小白菜洗净切段。

2. 将药包、猪肉放入砂锅，加清水适量，武火煮沸，文火煮至肉熟，加小白菜煮沸，加盐调味，即可食用。

【功效与主治】清热除烦，通利二便。适用于胃痛、便秘等疾病。对胃阴虚弱、虚火上炎所致的烦渴多饮、多食易饥、口干舌燥、形体消瘦等症状，以及阴虚火旺导致的大便干结、头晕耳鸣、心烦失眠、潮热盗汗等症状有一定疗效。

【膳食服法】餐时服用。

芦根配冰糖　清热润肺，除烦止呕

芦根冰糖饮

【食药材】鲜芦根50克，冰糖50克。

【膳食制法】

1. 将芦根洗净，加入冰糖及适量清水，放瓦盅内。

2. 隔水炖30分钟，去渣取汁，即可饮用。

【功效与主治】润肺和胃，除烦止呕。适用于咳嗽、胃痛、呕吐等疾病。对燥热袭肺所致的干咳无痰、痰中带血、声音嘶哑和热邪伤胃所致的胃脘灼痛、心烦易怒、泛酸嘈杂等症状，以及胃失和降所致的呕吐食物、胸脘满闷、不思饮食等症状有一定疗效。

【膳食服法】餐时服用。

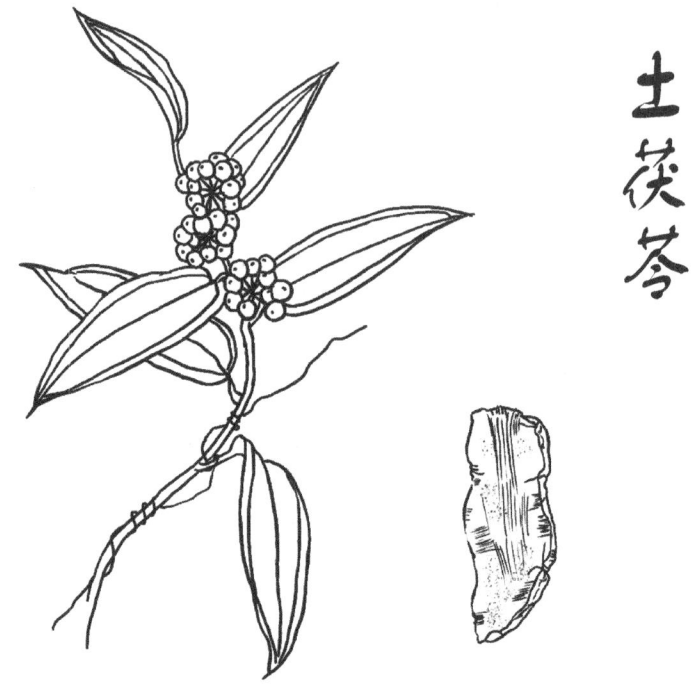

土茯苓

【来源】百合科植物光叶菝葜的干燥块茎。

【性味归经】甘、淡，平。归肝、胃经。

【功效与主治】解毒除湿，通利关节。主治梅毒、淋证、带下、瘰疬、疥癣等疾病。适用于感染秽浊毒邪、湿热下注所致的肢体拘挛、淋浊带下、湿疹瘙痒等症状。现代医学研究表明，土茯苓具有抗癌的作用，对甲状腺癌、脑瘤、恶性淋巴瘤等有一定预防作用。

【药理成分】含有异黄杞苷、胡萝卜苷、琥珀酸等。

【附注】肝肾阴虚者不宜单独食用。

土茯苓配绿豆　清热除湿，解毒凉血

土茯苓绿豆饮

【食药材】土茯苓10克，绿豆60克，红糖适量。

【膳食制法】

1. 将土茯苓洗净并用纱布袋包好，与绿豆洗净后一起放入砂锅中。
2. 加清水适量，武火烧开，文火煎煮30分钟，去药包，继续煲至豆熟，去渣取汁。
3. 加红糖搅匀，即可饮用。

【功效与主治】清热除湿，解毒凉血。适用于疔疮等疾病。对热毒蕴结所致的疔疮肿痛、此愈彼起、发热口渴、溲赤便秘、身热汗出等症状有一定疗效。

【膳食服法】代茶饮。

土茯苓配粳米　清热解毒，健脾除湿

土茯苓粳米粥

【食药材】土茯苓20克，生薏苡仁20克，粳米50克，盐等调味品适量。

【膳食制法】

1. 将粳米淘净，生薏苡仁洗净，同入砂锅。
2. 将土茯苓洗净，用纱布袋包好，放入锅中，加清水适量，武火烧开，文火煎煮30分钟，去药包。
3. 煮至米熟，加盐调味，即可食用。

【功效与主治】清热解毒，健脾除湿。适用于痹证、痿证等疾病。对湿热蕴结所致的关节疼痛、痛处灼热、肿胀剧烈、筋脉拘急、发热口渴、烦闷不安、肢体困重、痿软无力、兼见微肿、手足麻木，或有发热、胸脘痞闷、小便涩痛等症状有一定疗效。现代医学研究表明，本方对痛风病有一定的防治作用。

【膳食服法】餐时服用。

土茯苓配冬瓜　健脾除湿，利水消肿

土茯苓薏苡仁冬瓜汤

【食药材】土茯苓15克，冬瓜400克，炒薏苡仁50克，盐等调味品适量。

【膳食制法】

1. 将冬瓜洗净切块，土茯苓洗净并用纱布包好。
2. 将薏米和药包放入砂锅中，加水适量，武火烧开，文火煎煮30分钟，去药包，将冬瓜放入汤锅。
3. 武火煮开，文火煮至米熟，加适量盐调味，即可食用。

【功效与主治】健脾除湿，利水消肿。适用于水肿等疾病。对阳虚水泛所致的身肿按之凹陷、不易恢复、脘腹胀闷、大便溏薄、食少纳呆、面色不华、神倦肢冷、小便短少等症状有一定疗效。另外，本方对改善痛风症状有一定作用。

【膳食服法】餐时服用。

土茯苓配鸡肉　补中益气，健脾除湿

土茯苓砂仁煲鸡

【食药材】土茯苓15克，砂仁3克，鸡肉800克，姜10克，盐等调味品适量。

【膳食制法】

1. 将土茯苓、砂仁洗净，用纱布包好；将鸡肉洗净，入开水焯好，切块。

2. 将鸡块、药包、姜一同放入砂锅，加清水适量，武火烧开，文火煎煮30分钟，去药包。

3. 武火煮开，文火煮至肉熟，加盐调味，即可食用。

【功效与主治】补中益气，健脾除湿。适用于虚劳等疾病。对脾胃虚弱所致的饮食减少、胃脘不舒、倦怠乏力、大便溏薄、面色萎黄、纳差食少、心悸气短、健忘失眠等症状有一定疗效。

【膳食服法】餐时服用。

土茯苓配猪脊骨　补中益气，通利关节

土茯苓猪骨汤

【食药材】土茯苓50克，白扁豆50克，猪脊骨500克，盐、姜等调味品适量。

【膳食制法】

1. 将土茯苓洗净并用纱布包好，白扁豆洗净备用。

2. 将猪脊骨剁开洗净，放入沸水焯制。

3. 将猪骨、药包、白扁豆、姜放入砂锅中，加清水适量，武火烧开，文火煎煮30分钟，去药包。

4. 煮至肉熟，加盐调味，即可食用。

【功效与主治】补中益气，通利关节。适用于虚劳、水肿等疾病。对脾胃虚弱所致的倦怠乏力、大便溏薄、纳差食少等症状，以及脾虚不能运化所致的全身水肿、按之没指、小便短少、身体困重、关节肿痛、胸闷腹胀、呕吐泛恶等症状有一定疗效。

【膳食服法】餐时服用。

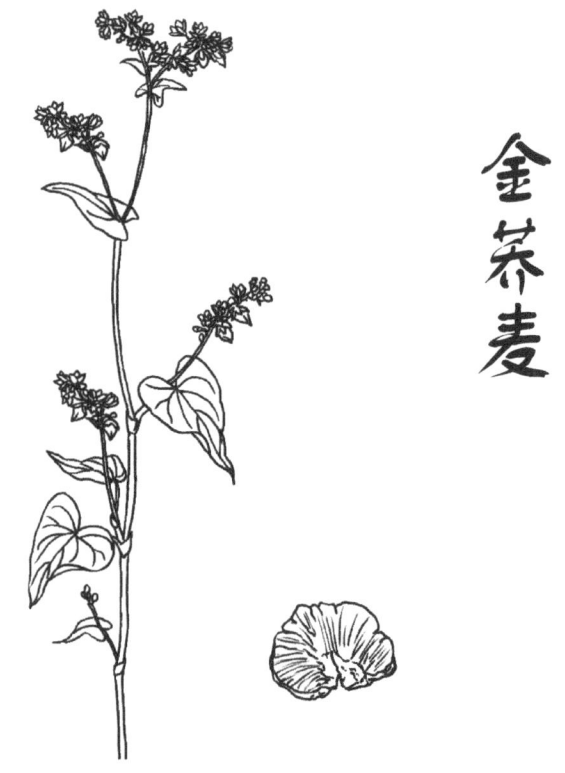

金荞麦

【来源】蓼科植物金荞麦干燥的根茎。

【性味归经】微辛、涩,凉。归肺经。

【功效与主治】清热解毒,消痈排脓。主治肺痈、痢疾、咳嗽等疾病。适用于感受热毒所致的咳声作呛、咳吐腥臭浓痰、胸痛、呼吸不利、口干鼻燥等症状,以及感受毒邪所致的里急后重、腹痛阵阵、痢下赤白脓血等症状。

【药理成分】含有阿魏酸、香豆酸等。

金荞麦配猪肉 清热化痰，利咽止痛

金荞麦炖肉

【食药材】金荞麦10克，冬瓜子5克，桔梗5克，瘦猪肉200克，姜、葱、盐等调味品适量。

【膳食制法】

1. 将金荞麦、冬瓜子、桔梗洗净，并用纱布包好，将猪肉过水焯去血沫。
2. 将所有食材放入砂锅内，加姜、葱及适量开水。
3. 武火烧开，文火慢炖至肉熟，捞出药包，加盐调味，即可食用。

【功效与主治】清热解毒，排脓化痰。适用于肺痈等疾病。对热毒蕴肺所致的壮热不寒、汗出烦躁、咳嗽气急、胸满作痛、咳吐浊痰、喉间腥味、口干咽燥等症状有一定疗效。现代医学研究表明，本方对肺脓肿、肺炎有一定的防治作用。

【膳食服法】餐时服用。

金荞麦配粳米　清热化痰，健脾和胃

金荞麦绿豆粳米粥

【食药材】金荞麦20克，粳米100克，绿豆20克，白砂糖等调味品适量。

【膳食制法】

1. 将金荞麦、粳米、绿豆洗净。
2. 放入砂锅，加清水适量。
3. 武火烧开，文火慢炖至豆熟，加白砂糖调味，即可食用。

【功效与主治】清热化痰，健脾和胃。适用于肺炎喘嗽、胃痛等疾病。对热毒犯肺所致的咳嗽气喘、喉间痰鸣、咯吐痰涎、胸闷气促、食欲不振等症状，以及脾胃湿热所致的胃脘灼痛、嘈杂泛酸、口干口苦、渴不欲饮、口甜黏浊、纳呆恶心、身重肢倦、小便色黄、大便不畅等症状有一定疗效。

【膳食服法】餐时服用。

金荞麦配鸡蛋　清热化痰，益气健脾

金荞麦茶鸡蛋

【食药材】金荞麦30克，鸡蛋15个，黄茶10克，盐、酱油等调味品适量。

【膳食制法】

1. 将金荞麦洗净去沙，与黄茶一起用纱布袋包好，再将鸡蛋洗净，放入砂锅，加清水适量。
2. 加盐、酱油，武火烧开，文火煮5分钟。
3. 用小勺把鸡蛋表面敲出裂纹，文火煮5分钟，浸泡1小时，即可食用。

【功效与主治】清热化痰，益气健脾。适用于咳嗽、泄泻等疾病。对痰湿犯肺所致的咳嗽反复、咳声重浊、痰多黏腻、稠厚成块、色白或带灰色、胸闷气憋等症状，以及脾胃虚弱所致的体倦脘痞、腹胀便溏等症状有一定疗效。

【膳食服法】餐时服用。

金荞麦配黄酒　清泄肺热，化痰平喘

金荞麦黄酒

【食药材】金荞麦100克，黄酒1000毫升。

【膳食制法】

1. 将金荞麦洗净、烘干并用纱布袋包好。
2. 将药包与黄酒密封浸泡7天，每日摇晃1次，即可饮用。

【功效与主治】清泄肺热，化痰平喘。适用于咳嗽等疾病。对痰热蕴肺所致的咳嗽气急、喉中有痰、痰多稠黏、咳吐不爽、胸胁胀满、咳引胸痛、面赤身热、口干欲饮等症状有一定疗效。

【膳食服法】适量饮用。

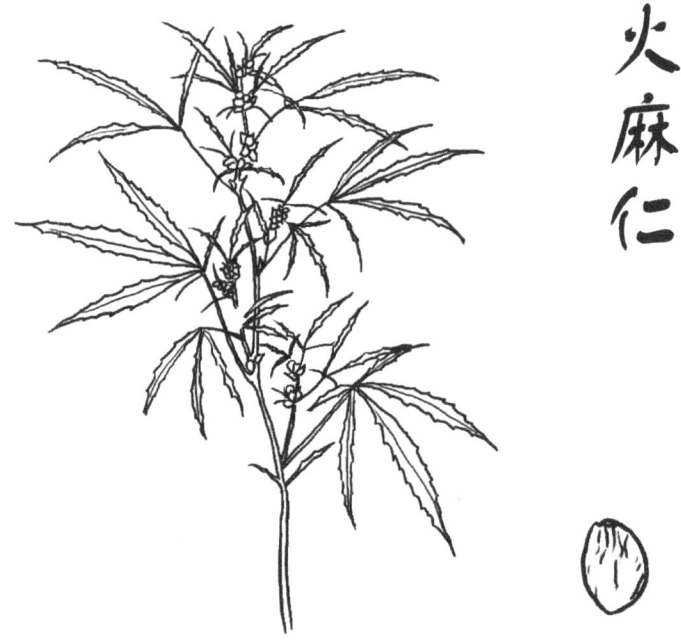

火麻仁

【来源】桑科植物大麻的干燥成熟种子。

【性味归经】甘，平。归脾、胃、大肠经。

【功效与主治】润肠通便，滋养润燥。主治便秘、虚劳等疾病。适用于体弱津血不足导致的大便秘结、腹胀腹痛、心烦不安等症状，以及血虚不泽所致的头晕目眩、肢体麻木、筋脉拘急等症状。

【药理成分】含有脂肪油，油中多含大麻酚、植酸等。

【附注】脾胃虚弱便溏者不宜单独食用。

火麻仁配白酒 温中补虚，润肠通便

火麻仁酒

【食药材】火麻仁50克，白酒500毫升。

【膳食制法】

1. 将火麻仁洗净烘干，用纱布包好，置于净瓶中。
2. 加入白酒，密封7日，每日摇晃1次，即可饮用。

【功效与主治】温中补虚，润肠通便。适用于便秘、胁痛等疾病。对老年人津亏血少所致的大便秘结、不易排出等症状，以及肝阴不足所致的胁痛隐隐、口干咽燥、两目干涩、心中烦热等症状有一定疗效。

【膳食服法】适量饮用。

麻仁鳖甲酒

【食药材】火麻仁30克，桂皮5克，牡丹皮5克，赤芍药3克，牛膝5克，黄芩3克，虎杖3克，吴茱萸3克，土大黄2克，生地黄5克，鳖甲5克，白酒1000克。

【膳食制法】

1. 将火麻仁、桂皮、牡丹皮、赤芍药、牛膝、虎杖、吴茱萸、土大黄、黄芩、生地黄、鳖甲一同研为粗末，并用纱布包好置于净器中。
2. 加入白酒，密封15日，每日摇晃1次，即可饮用。

【功效与主治】活血化瘀，温经燥湿。适用于头痛、胁痛等疾病。对瘀血阻络所致的胁肋刺痛、痛处固定、拒按疼痛、胁下积块、面色晦暗等症状，以及瘀血阻窍所致的头痛不愈、其痛如刺、固定不移等症状有一定疗效。

【膳食服法】适量饮用。

火麻仁配糯米 健脾益气，润肠通便

桂花汤圆

【食药材】火麻仁100克，糯米粉400克，小麦面粉100克，桂花100克，白砂糖等调味品适量。

【膳食制法】

1. 将火麻仁洗净研末。
2. 将糯米粉、火麻仁粉、小麦面粉放入盆中，加适量清水和匀成粉团，放入开水锅内。
3. 煮至快熟时加入适量的桂花、白砂糖，即可食用。

【功效与主治】健脾益气，润肠通便。适用于痞满、虚劳等疾病。对脾胃虚弱所致的胃脘痞闷、胀满痛疼、食少不饥、身倦乏力、少气懒言等症状，以及气血亏虚所致的纳差食少、心悸气短、健忘失眠、面色萎黄、大便干结等症状有一定疗效。

【膳食服法】餐时服用。

【附注】大便稀溏者慎食。

火麻仁配猪蹄 养血润肠，美容养颜

麻仁当归猪蹄汤

【食药材】火麻仁10克，当归5克，猪蹄500克，蜜枣5个，盐、葱、姜等调味品适量。

【膳食制法】

1. 将火麻仁、当归洗净，并用纱布包好，猪蹄洗净切块。

2. 将药包、猪蹄、蜜枣、葱、姜放入砂锅内,加清水适量。

3. 武水煮沸,文火煲至肉熟,捞出药包,加入盐调味,即可食用。

【功效与主治】养血润肠,美容养颜。适用于便秘等疾病,对病后、老人及妇女产后血虚津枯所致的大便干结、排出困难、面色无华、心悸气短、健忘倦怠、口唇色淡等症状有一定疗效。久服本方,对美容养颜有一定作用。

【膳食服法】餐时服用。

火麻仁配粳米 益气和胃,润肠通便

麻仁粳米粥

【食药材】火麻仁10克,紫苏子3克,炙黄芪3克,粳米200克,白糖等调味品适量。

【膳食制法】

1. 将炙黄芪、紫苏子、火麻仁洗净,用纱布包好。

2. 砂锅中放入药包,加清水适量,武火烧开,文火煎煮30分钟,捞出药包,去渣取汁。

3. 将粳米洗净,放入砂锅,加入药汁及清水适量,武火烧开,文火煮至粥熟,加白糖搅匀,即可食用。

【功效与主治】益气和胃,润肠通便。适用于便秘、痞满等疾病。对脾弱气虚所致的时有便意、排便困难、汗出短气、便后乏力、肢倦懒言等症状,以及腑气不通所致的胃脘痞塞、胸膈胀满、恶心嗳气等症状有一定疗效。

【膳食服法】餐时服用。

【来源】姜科植物绿壳砂仁、阳春砂仁、海南砂仁成熟的种子或果实。

【性味归经】辛,温。归脾、胃、肾经。

【功效与主治】化湿行气,温中止泻,安胎止呕。主治腹痛、呕吐、泄泻、胎动不安等疾病。适用于脾虚湿困引起的脘腹疼痛、胀满不舒和脾胃虚寒引起的冷痢便血、里急后重,以及妊娠期间呕逆厌食、胎动不安等症状。

【药理成分】含有挥发油,主要包括萜烯、乙酸龙脑酯、芳香醇、柠檬烯等。

【附注】阴虚有热者不宜单独食用。

砂仁配白萝卜　消积化痰，行气宽中

砂仁萝卜饮

【食药材】砂仁5克，白萝卜500克，食盐、胡椒粉等调味品适量。

【膳食制法】

1. 将砂仁洗净捣碎并用纱布袋包好，萝卜洗净切薄片。
2. 将二者放入锅中同煮30分钟，捞出药包，加入食盐、胡椒粉调味，即可食用。

【功效与主治】消积化痰，行气宽中。适用于痰饮、胃痛等疾病。对饮邪犯肺所致的胸胁胀痛、咳唾引胸疼痛、气短息促等症状，以及气滞中焦所致的胃脘胀满、攻撑作痛、脘痛连胁、胸闷嗳气等症状有一定疗效。

【膳食服法】餐时服用。

砂仁配猪肘　健脾益气，化湿和胃

【食材介绍——猪肘】

猪肘，猪科动物猪的腿肉，具有皮厚、筋多、胶质多的特点。猪肘含有脂肪、蛋白质（大量胶质蛋白）、胆固醇、维生素B_1、维生素E、钙、镁、钾等多种成分。中医认为，猪肘味甘、咸，性平，归脾、胃、肾经，具有和血润肤、补肾强腰的功效。现代医学研究表明，猪肘纤维细软，结缔组织较少，含有大量的胶原蛋白，可以润泽皮肤，皮肤干燥者常食可养颜美容。猪肘富含维生素B_1，维生素B_1能改善神经系统功能，缓解疲劳。猪肘中的血红素半胱氨酸，可以通过促进吸收铁元素而改善缺铁性贫血。猪肘中还含有较多钙、磷，可以强壮骨骼、预防佝偻病。一般人均可食用猪肘，尤其适宜于儿童、青少年、重体力劳动者、消瘦、肌肉萎缩和贫血、营养不良性水肿等人群。肥胖、血脂异常症、高血压者不宜单独食用。

东坡肘子

【食药材】砂仁10克，猪肘子1000克，黄酒20克，姜、葱、红糖、香油、酱油、醋、盐等调味品适量。

【膳食制法】

1. 将砂仁洗净并打成粉末，生姜洗净切片，葱洗净切段。
2. 将肘子洗净，沥去水分，再用竹签扎满眼。
3. 将猪肘放在沸水内焯去血沫，在表皮上涂红糖和香油，撒上砂仁粉末。
4. 将猪肘与生姜片、葱段、酱油、黄酒、醋、盐放入砂锅中，最后加水适量，武火烧沸，文火煨炖至熟，即可食用。

【功效与主治】健脾益气，化湿和胃。适用于厌食等疾病。对脾胃虚弱所致的不思饮食、食不知味、食量减少、形体偏瘦、面色少华、精神不振、大便溏薄等症状有一定疗效。

【膳食服法】餐时服用。

砂仁配猪肚　化湿醒脾，和胃止痛

砂仁肚条

【食药材】砂仁10克，猪肚300克，水淀粉20克，芝麻油3克，黄酒20克，食盐、姜、葱、蒜末、花椒水等调味品适量。

【膳食制法】

1. 将砂仁洗净烘干，用纱布袋包好。
2. 将猪肚洗净切条，与药袋同放入沸水中，煮至猪肚熟烂。
3. 炒锅中加油烧热，放入葱、姜煸香，再加入黄酒、花椒水、食盐，并加清水适量。
4. 将肚条倒入锅内，加入食盐调味，用水淀粉勾芡。
5. 淋入芝麻油，再加入蒜末翻炒，即可食用。

【功效与主治】化湿醒脾，和胃止痛。适用于胃痛等疾病。对脾胃虚弱所致的胃脘隐痛、似饥而不欲食、口燥咽干、口渴思饮、消瘦乏力、大便干结、不易消化等症状有一定疗效。

【膳食服法】餐时服用。

【医学分析】膳食中砂仁味辛性温，入脾胃经，辛散温通，芳香理气，开胃止呕，温脾止泻，专用于脾胃气滞诸症。赵学敏在《本草拾遗》中记载：砂仁"主上气咳嗽、奔豚、惊痫邪气"。《药性论》中也记有："冷气腹痛，消化水谷，温暖脾胃。"猪肚为猪科动物猪胃，其味甘性温，能入脾胃经。在《本草经疏》中记载："猪肚，为补脾胃之要品，脾胃得补，则中气益，利自止矣。"《日华子本草》中记载："主补虚损，皆琅其补益脾胃，则精血自生，虚劳自愈，根本固而后五脏皆安也。"猪肚能补虚损、健脾胃，治脾虚诸证。二味相配味鲜不腻，清淡可口，共奏化湿醒脾、调中和胃之效。故食用本品对于脾胃气滞所致的厌食、呕吐、泻痢、胎动不安、小儿疳积等疾病有一定疗效。

【附注】凡阴虚有热者慎食。

砂仁配豆腐　理气宽中，行气安胎

砂仁豆腐

【食药材】砂仁5克，鲜豆腐250克，牛肉末10克，葱末、姜末、酱油、水淀粉、香油等调味品适量。

【膳食制法】

1. 将豆腐洗净并切成小块，砂仁洗净烘干并打成细粉。
2. 将豆腐块放入八成热油中冲炸，并在锅内留少许油。
3. 下入牛肉末、葱姜末，翻炒肉末，再放入酱油、豆腐丁、砂仁粉。
4. 开锅后用水淀粉勾芡，淋入香油，出锅即可食用。

【功效与主治】理脾宽中，行气安胎。适用于呕吐、腹痛等疾病。对脾胃气滞所致的腹胀腹泻、不饥食少、食积不化等症状，以及脾胃气虚所致的孕妇胎动不安、气逆呕吐等症状有一定疗效。

【膳食服法】餐时服用。

砂仁配蚶肉 行气调中，健脾和胃

【食材介绍——蚶肉】

蚶肉，是蚶科动物毛蚶、泥蚶或魁蚶等的肉。蚶肉含蛋白质、脂肪、维生素A、维生素C、尼克酸、钾、钙、铁、磷等多种成分。中医认为，蚶肉味甘，性温，归脾、胃经，具有补气养血、温中健胃的功效。现代医学研究表明，蚶是高蛋白、高铁、高钙、高微量元素、低脂肪的食物，多食蚶肉有利于补钙、补铁，促进骨骼生长发育。防治缺铁性贫血，促进人体生长发育。由于蚶肉具有低脂肪的特点，同时，蚶肉含一种具有降低血清胆固醇作用的成分，可以抑制胆固醇合成并促进胆固醇排泄，它是减肥者、心血管疾病者的优良食物。一般人均可食用蚶肉，尤其适宜于贫血、骨质疏松、肥胖症者、动脉硬化、血脂异常症者、儿童、青少年及减肥者等人群。素体有湿热者不宜单独食用。

砂仁爆蚶肉

【食药材】 砂仁粉5克，猪油20克，鲜蚶肉200克，韭菜叶50克，生姜、食盐、香油等调味品适量。

【膳食制法】

1. 将蚶肉洗净切薄片，用开水冲烫；韭菜叶洗净切段，生姜洗净切末。
2. 炒锅置于炉火上，加油，烧热后放姜末、韭菜段炒熟。
3. 再放蚶肉片、砂仁粉、韭菜叶、食盐，快速翻炒，淋入香油，即可食用。

【功效与主治】 行气调中，健脾和胃。适用于呕吐、腹痛等疾病。对脾胃气逆所致的呕吐食物、吐出有力、恶寒发热、胸脘满闷、不思饮食等症状，以及气机郁滞所致的脘腹疼痛、胀满不舒、攻窜不定等症状有一定疗效。

【膳食服法】 餐时服用。

砂仁配牛肉　温中补虚，散寒止痛

砂仁炖牛肉

【食药材】砂仁10克，桂皮3克，陈皮3克，牛肉1500克，葱、姜、胡椒粉、香油、酱油、油等调味品适量。

【膳食制法】

1. 将陈皮、桂皮洗去浮灰并掰成小块，砂仁打破，然后一同装入纱布袋内备用。

2. 将牛肉洗净，切成方块，锅置于火上，加水适量，水烧沸后，放牛肉块，焯去血沫。

3. 另起锅，加油适量，烧热放入牛肉块，放入葱、姜、胡椒粉、酱油，炒香，加开水适量，投入药袋，改用文火炖至牛肉块熟烂并捞出。

4. 将熟牛肉块切成薄片，淋上香油，即可食用。

【功效与主治】温中补虚，散寒止痛。适用于胃痛、痞满等疾病。对脾胃虚寒所致的胃部隐痛、喜温喜按、空腹或受凉时胃痛、腹部胀满、呕吐、食欲不振、神疲乏力、大便稀薄、手足不温等症状有一定疗效。现代医学研究表明，本方对慢性胃肠炎、胃和十二指肠溃疡、消化不良等疾病有一定的防治作用。

【膳食服法】餐时服用。

肉豆蔻

【来源】肉豆蔻科植物肉豆蔻的干燥种仁。

【性味归经】辛，温。归肺、脾、胃经。

【功效与主治】涩肠止泻，温中行气。主治泄泻、痢疾等疾病。适用于脾胃虚寒所致的泄泻、久痢、食少呕吐、脘腹胀痛等症状。

【药理成分】含有挥发油、肉豆蔻醚、异丁香酚、丁香酚及多种花烯类化合物等。

【附注】湿热泻痢、阴虚火旺以及胃热疼痛者不宜单独食用。

肉豆蔻配面粉　温胃止痛，涩肠止泻

肉豆蔻饼

【食药材】肉豆蔻30克，生姜汁50毫升，白面100克，食盐、油等调味品适量。

【膳食制法】
1. 将生姜洗净放入榨汁机中，去渣取汁。
2. 将肉豆蔻研末为粉。
3. 用姜汁、肉蔻粉、盐和面做饼，平底锅煎至双面焦黄，即可食用。

【功效与主治】温胃止痛，涩肠止泻。适用于呕吐、腹痛等疾病。对寒凝胃脘所致的腹部冷痛、剧烈拘急、得温痛减、恶寒身蜷、手足不温、小便清长等症状，以及脾胃虚弱所致的劳倦呕吐、胃纳不佳、脘腹痞闷、倦怠乏力等症状有一定疗效。

【膳食服法】餐时服用。

肉豆蔻配牛肉　补中益气，行气止痛

肉豆蔻汉堡

【食药材】肉豆蔻50克，牛肉糜200克，猪肉糜100克，面包适量，面粉100克，洋葱20克，盐、蛋黄酱、黑胡椒粉等调味品适量。

【膳食制法】
1. 将洋葱洗净切碎，肉豆蔻洗净研末，备用。
2. 将牛肉糜、猪肉糜和肉豆蔻粉放入碗中混合，加适量的盐、蛋黄酱、黑胡椒粉搅拌均匀。

3. 将拌好的肉糜轻压成饼状，肉饼表面撒上面粉，取平底锅倒油烧热，放入肉饼煎至双面焦黄。

4. 用两片面包夹住肉饼，即可食用。

【功效与主治】补中益气，行气止痛。适用于泄泻、痞满等疾病。对脾肾阳虚所致的黎明之前脐腹作痛、肠鸣即泻、泻下完谷、小腹冷痛、形寒肢冷、腰膝酸软等症状，以及脾胃虚弱所致的脘痞胀闷、身倦懒言、大便溏薄等症状有一定疗效。

【膳食服法】餐时服用。

肉豆蔻配芋头　温胃散寒，补脾益气

焦糖芋头

【食药材】肉豆蔻粉10克，肉桂粉5克，芋头500克，葵花籽10克，蜂蜜20毫升，白砂糖等调味品适量。

【膳食制法】

1. 将芋头入锅蒸熟，去皮入盘，备用。

2. 将肉豆蔻粉、肉桂粉用纱布包好，放入砂锅，加水适量，武火烧开，文火煎煮30分钟，去渣浓缩取汁，备用。

3. 将药汁加入蜂蜜、白砂糖溶化，熬至黏稠，加葵花籽搅匀，淋至芋头上，即可食用。

【功效与主治】温胃散寒，补脾益气。适用于胃痛、厌食等疾病。对中气不足所致的胃脘疼痛、面色淡白、短气倦怠、食少便溏、腹部及肛门坠重等症状，以及脾胃气虚所致的不思进食、食量减少、形体偏瘦、精神欠佳等症状有一定疗效。

【膳食服法】餐时服用。

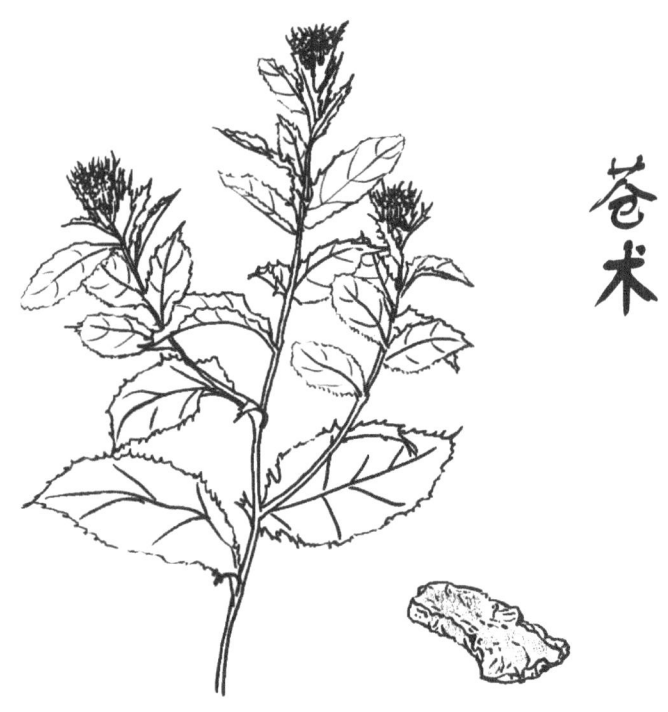

【来源】菊科植物茅苍术或北苍术干燥的根茎。

【性味归经】辛、苦，温。归脾、胃、肝经。

【功效与主治】燥湿健脾，祛风散寒，益肝明目。主治胃痛、痹证、高风雀目（夜盲）等疾病。适用于湿阻中焦、脾失健运所致的脘腹胀满、食欲不振、吐泻乏力等症状，以及风寒偏盛所致的肢体酸痛、足膝肿痛、痿软无力和夜盲症所致的眼目昏涩等症状。

【药理成分】含有挥发油，主要为苍术醇，另含苍术酮、维生素A及维生素B等。

【附注】阴虚内热、气虚者不宜单独食用。

苍术配香菇　补肝明目，健脾益气

【食材介绍——香菇】

香菇，又名香蕈、冬菇，是光茸菌科的一种食用真菌。香菇含有蛋白质、脂肪、碳水化合物、维生素B、维生素D、钙、铁、磷等多种成分。中医认为，香菇味甘，性平，归肝、胃经，具有扶正补虚、健脾开胃、祛风透疹、化痰理气的功效。现代医学研究表明，香菇中含有健体益智作用的精氨酸和赖氨酸，对于大脑发育有积极作用。香菇的水提取物可以清除人体内的过氧化氢，有抗衰老的功效。香菇菌盖含有的部分RNA，经过一系列转化，形成具有抗癌作用的干扰素，有防癌抗癌的功效。香菇中含有酪氨酸、氧化酶等物质，能起到降压、降脂、降胆固醇的作用，可以防治心血管疾病。香菇富含维生素D，对于因缺乏维生素D而引起的血磷、血钙代谢障碍有预防作用，有利于防治佝偻病。一般人均可食用香菇，尤其适宜于高血压、血脂异常症、佝偻病、动脉硬化等人群。脾胃寒湿气滞或皮肤瘙痒患者不宜单独食用。

苍术玄参香菇焖羊肝

【食药材】苍术10克，玄参3克，羊肝500克，香菇50克，黄酒30克，熟猪油100克，甜面酱5克，姜块10克，葱节10克，酱油、盐、白糖等调味品适量。

【膳食制法】

1. 将羊肝洗净，放入开水中烫过，切成条，备用。

2. 将姜、香菇洗净切片，放入开水中烫过。

3. 将苍术、玄参洗净用纱布袋包好，放入砂锅，加清水适量，武火烧开，文火煎煮30分钟，拣出药包，去渣取汁备用。

4. 炒锅置于中火上，下入猪油烧至六成热，加入白糖炒至变色。

5. 将酱油、葱、姜、香菇倒入炒锅，加甜面酱炒出香味。

6. 放入羊肝，加入药汁、黄酒、清水、盐适量煨熟，即可食用。

【功效与主治】补肝明目，健脾滋阴。适用于雀盲、呕吐、眩晕等疾病。

对肝阴不足所致的夜间视野缩小、眼内干涩、头晕耳鸣、失眠多梦、口干口苦等症状，以及脾胃阴虚所致的呕吐反复、吐唾涎沫、时作干呕、口燥咽干、胃中嘈杂、饥不欲食等症状有一定疗效。久服本品，对改善视力有一定作用。

【膳食服法】餐时服用。

苍术配白酒　祛风除湿，活血通络

苍术除痹酒

【food药材】苍术15克，防风5克，牛膝5克，鸡血藤5克，木瓜5克，威灵仙3克，桂枝3克，萆薢5克，川芎5克，松节3克，当归5克，白芍5克，乌蛇（酒制）5克，人参3克，佛手5克，老鹳草3克，炙甘草10克，红曲5克，五加皮5克，羌活5克，独活5克，红糖300克，白蜜500克，白酒3千克。

【膳食制法】

1. 将苍术、防风、牛膝、鸡血藤、木瓜、威灵仙、桂枝、萆薢、川芎、松节、当归、白芍、乌蛇（酒制）、人参、佛手、老鹳草、炙甘草、红曲、五加皮、羌活、独活洗净烘干并用纱布包好，和红糖、蜂蜜一同装入白酒坛中。

2. 密封酒坛，每日摇晃1次，15天后取出药包，即可饮用。

【功效与主治】祛风除湿，活血通络。适用于痹证、腰痛等疾病。对风寒湿邪侵袭所致的关节疼痛、肩背沉酸、四肢麻木、腰腿窜痛、颈肩疼痛等症状有一定疗效。

【膳食服法】适量饮用。

苍术配黄茶　健脾和胃，祛痰止呕

【食材介绍——黄茶】

黄茶，由山茶科植物茶的芽叶制作而成，属轻发酵茶。黄茶含有咖啡碱、茶多酚、氨基酸、维生素C、维生素E、铁、磷、镁等多种成分。中医认为，黄茶归脾经，具有祛湿解暑、濡养脾胃的功效。现代医学研究表明，黄茶是沤茶，含有大量的消化酶，常饮黄茶有益于脾胃，消化不良者饮之有较好食疗效果；黄茶中的消化酶还具有促进脂肪代谢的功效，是减肥者的上佳选择。黄茶富含茶多酚，茶多酚是天然的抗氧剂，可以起到提高机体免疫力和保护心血管的作用。黄茶中的咖啡碱能缓解疲劳、提神醒脑。黄茶中的咖啡碱有良好的利尿效果，可加速人体代谢。黄茶中的多种物质对抗癌、杀菌、消炎均有较好效果。一般人均可饮黄茶，尤其适宜于高血压、冠心病、动脉硬化、食欲不振、减肥者等人群。胃肠功能较差、神经衰弱者、失眠症、哺乳期妇女、贫血者不宜单独饮用。

九味醒脾茶

【食药材】苍术6克，藿香3克，杏仁3克，厚朴3克，党参3克，白扁豆3克，砂仁3克，炙甘草3克，黄茶15克。

【膳食制法】

1. 将苍术、藿香、杏仁、厚朴、党参、白扁豆、砂仁、炙甘草洗净并除去杂质，用纱布袋包好。

2. 将纱布袋放入砂锅，加清水适量，武火烧开，文火煮30分钟，拣出药包，去渣取汁。

3. 用药汁冲泡黄茶，焖泡5分钟，即可饮用。

【功效与主治】健脾和胃，祛痰止呕。适用于泄泻、呕吐、痰饮等疾病。对脾虚湿盛所致的大便次数增多（或伴有不消化食物，或大便时泻时溏）、饮食减少、面色萎黄等症状，以及饮停胃肠所致的呕吐痰涎、胸脘满闷、头眩心悸、渴欲饮水、咳嗽痰多等症状有一定疗效。

【膳食服法】代茶饮。

苍术配猪肝　养肝明目，健脾益气

苍术猪肝包子

【食药材】苍术10克，猪肉50克，猪肝100克，扇贝50克，核桃仁10克，松子10克，木耳10克，海米5克，发好包子面适量，食盐等调味品适量。

【膳食制法】

1. 将苍术洗净烘干打极细粉。猪肝煮熟，切细末。猪肉、扇贝肉、木耳、海米洗净剁成馅，核桃仁、松子研末，加入苍术粉、猪肝混合，加食盐调味，搅拌成馅。

2. 包好包子，入蒸锅蒸熟，即可食用。

【功效与主治】养肝明目，健脾益气。适用于眩晕等疾病。对肝肾亏虚所致的头晕时作、视力减退、两目干涩、少寐健忘、耳鸣乏力、腰酸膝软、遗精早泄等症状有一定疗效。

【膳食服法】餐时服用。

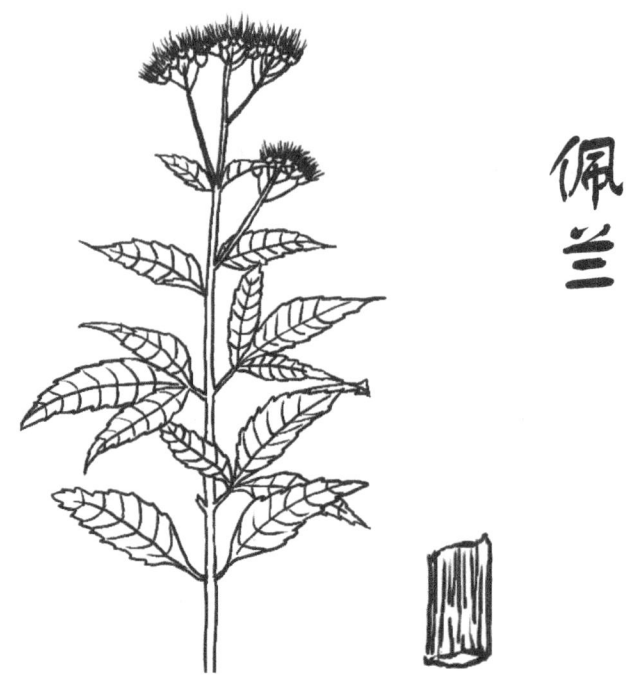

【来源】菊科植物佩兰地上的部分。

【性味归经】辛,平。归脾、肺、胃经。

【功效与主治】解暑化湿,辟秽和中。主治中暑、呕吐、泄泻等疾病。适用于外有表证所致的发热恶寒、汗出不畅、偶有咳嗽等症状,以及里有湿浊所致的口臭、口中味甜、食欲不振、黏滞甜腻、胸胁闷胀等症状。现代医学研究表明,佩兰有抗菌、抗病毒和祛痰等作用。

【药理成分】含有挥发油、百里香酚甲醚、琥珀酸、聚伞花素、棕榈酸、乙酸橙花醇酯、甘露醇等。

【附注】阴虚、气虚者不宜单独食用。

佩兰配黄茶 清热解暑，和胃醒脾

佩兰藿香黄茶

【食药材】佩兰3克，藿香2克，黄茶5克。

【膳食制法】

1. 将洗净的藿香、佩兰及黄茶用纱布包好，放入水杯中。
2. 加入沸水冲泡，焖10分钟，即可饮用。

【功效与主治】清热解暑，和胃醒脾。适用于痞满、呕吐等疾病。对夏日伤暑所致的脘腹胀满、胸膈满闷、头重如裹、身重肢倦、不思饮食、小便不利等症状，以及胃失和降所致的纳呆不适、腹胀满闷、吐泻不利等症状有一定疗效。

【膳食服法】餐时服用。

佩兰配鸡蛋　清热祛湿，调中和胃

佩兰炒蛋

【食药材】鲜佩兰20克，鸡蛋200克，食用油50克，食盐等调味品适量。

【膳食制法】

1. 将佩兰洗净，切细放在碗中。
2. 将鸡蛋打碎放入碗中与佩兰叶混合，加盐拌匀。
3. 平底锅倒油烧热，将蛋菜液倒入锅中，煎至定型，两面变焦，即可食用。

【功效与主治】清热祛湿，调中和胃。适用于腹痛、厌食等疾病。对饮食伤胃所致的腹痛拒按、嗳腐吞酸、痛而欲泻、泻后痛减、粪便酸臭、大便秘结、不思进食、食少饮少、小便色黄、面黄少华等症状有一定疗效。

【膳食服法】餐时服用。

佩兰配小白菜　清热利湿，健脾醒胃

佩兰白菜汁

【食药材】鲜佩兰20克，小白菜30克，白糖等调味品适量。

【膳食制法】

1. 将鲜佩兰、小白菜洗净并放入榨汁机中，去渣取汁备用。
2. 倒入杯中，加入适量白糖调味，即可饮用。

【功效与主治】清热利湿，健脾醒胃。适用于头痛、眩晕等疾病。对湿邪阻窍所致的头重如裹、肢体困重、胸闷纳呆、小便不利、大便或溏、头晕头重、视物旋转、呕吐痰涎、食少多寐等症状有一定疗效。

【膳食服法】代茶饮。

佩兰配绿豆　解暑化湿，清热解毒

藿佩绿豆汤

【食药材】佩兰6克，藿香5克，薄荷3克，绿豆50克，糯米50克，白砂糖等调味品适量。

【膳食制法】

1. 将藿香、佩兰、薄荷三味药洗净，用纱布包好。

2. 将砂锅中放入清水适量，加入纱布包，武火烧开，文火煮10分钟，捞出药包，去渣取汁备用。

3. 将药汁、洗净的糯米、绿豆放入锅中，加适量清水，煮至豆熟，加入白砂糖调味，即可食用。

【功效与主治】温中健脾，防暑化湿。适用于感冒、腹痛等疾病。对暑湿伤表所致的夏季面垢、身热汗出、身热不扬、身重倦怠、头昏重痛或鼻塞流涕、咳嗽痰黄、胸闷欲呕、小便短赤等症状，以及湿邪困脾所致的腹部胀痛、痞满拒按、不欲饮食、大便黏腻等症状有一定疗效。

【膳食服法】餐时服用。

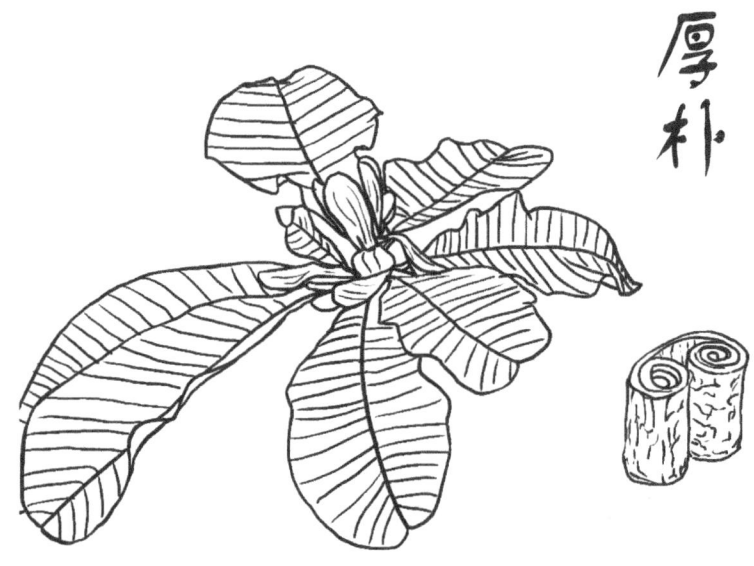

【来源】木兰科植物厚朴或凹叶厚朴的干燥干皮、根皮及枝皮。

【性味归经】苦、辛，温。归脾、胃、肺、大肠经。

【功效与主治】燥湿消痰，降气除满。适用于湿阻中焦所致的脘腹胀满、食积气滞、腹胀便秘等症状，以及痰气交阻所致的痰饮喘咳、七情郁结、咽中如有物阻之不下或吐之不出等症状。现代医学研究表明，厚朴有抗菌、缓解中枢性肌肉松弛、防治胃溃疡和降压等作用。

【药理成分】含有挥发油、厚朴酚、厚朴新酚、厚朴醛、辣薄荷基厚朴酚、木兰箭毒碱等。

【附注】气虚津亏者不宜单独食用。

厚朴配猪肚　健脾和胃，补虚强身

厚朴苡仁猪肚汤

【食药材】厚朴10克，炒薏苡仁5克，猪肚200克，瘦肉150克，大枣10克，食盐、味精等调味品适量。

【膳食制法】

1. 将猪肚、瘦肉、大枣、炒薏苡仁、厚朴洗净，猪肚、瘦肉切条，大枣去核，炒薏苡仁、厚朴用纱布袋包好。

2. 将所有材料放入砂锅中，倒入适量清水，武火烧开，文火煲至肚烂肉熟，捞出药袋，加入食盐、味精调味，即可食用。

【功效与主治】健脾和胃，补虚强身。适用于腹痛、虚劳等疾病。对脾胃虚寒所致的腹痛绵绵、痛时喜按、喜热恶冷、饥饿劳累后加重、神疲乏力、气短懒言、形寒肢冷、肠鸣腹痛、胃纳不佳、大便溏薄、面色不华等症状有一定疗效。

【膳食服法】餐时服用。

厚朴配粳米　温中理气，健脾燥湿

厚朴白术肉蔻粥

【食药材】厚朴5克，白术3克，肉豆蔻3克，粳米100克，白糖等调味品适量。

【膳食制法】

1. 将厚朴、白术、肉豆蔻洗净研末，并用纱布袋包好。

2. 将药包放入砂锅，加水适量，武火烧开，文火煎煮30分钟，拣出药包，去渣取汁。

3. 药汁中放入粳米，加水适量，武火烧开，文火熬至粥熟，加入白糖调味，即可食用。

【功效与主治】温中理气，健脾燥湿。适用于腹痛、泄泻等疾病。对气机郁滞所致的脘腹疼痛、胀满不舒等症状，以及脾虚湿盛所致的泄泻腹痛、泻下急迫或泻而不爽、周身困重等症状有一定疗效。

【膳食服法】餐时服用。

厚朴配黄茶　健脾燥湿，理气祛痰

厚朴黄茶

【食药材】厚朴3克，黄茶5克。

【膳食制法】

1. 将厚朴和黄茶洗净，共研为末，用纱布包好备用。
2. 放入杯中，用300毫升开水冲泡药包，放置5分钟，即可饮用。

【功效与主治】健脾燥湿，理气祛痰。适用于痰饮、呕吐等疾病。对饮留胃肠所致的腹部肠鸣、胸腹胀痛等症状，以及脾胃气逆所致的反胃呕吐、饮食不消等症状有一定疗效。

【膳食服法】代茶饮。

厚朴配冬瓜　温中燥湿，健脾化痰

厚朴冬瓜汤

【食药材】厚朴5克，茯苓3克，白术3克，陈皮3克，炙甘草2克，生姜3片，大枣5克，冬瓜50克，盐等调味品适量。

【膳食制法】

1. 将厚朴、茯苓、白术、陈皮、炙甘草洗净、研末并用纱布袋包好，大枣洗净，生姜洗净切片。

2. 砂锅中加入适量清水，加入生姜、大枣与药包，武火烧开，文火煎煮30分钟，拣出药包，去渣取汁。

3. 冬瓜洗净切片，放入药汁，加水适量，煮沸至冬瓜熟，加入盐调味，即可食用。

【功效与主治】温中燥湿，健脾化痰。适用于痰饮、咳嗽等疾病。对饮犯胃脘所致的不思饮食、脘腹胀满、食欲不振、恶心呕吐、腹部肠鸣、痞满不舒、倦怠乏力、身重嗜睡等症状，以及肺气上逆所致的咳嗽反复发作、咳声重浊痰多、痰黏腻或稠厚成块、胸闷气憋等症状有一定疗效。

【膳食服法】代茶饮。

厚朴配香菇 温中散寒，燥湿行气

厚朴香菇汤

【食药材】厚朴5克，生姜3克，香菇30克，盐等调味品适量。

【膳食制法】

1. 将厚朴洗净，生姜洗净切片，用纱布袋包好。

2. 将纱布包放入砂锅，加水适量，武火烧开，文火煎煮30分钟，拣出药包，去渣取汁。

3. 香菇切薄片，放入药汁，加水适量，煮沸至香菇熟，加入盐调味，即可食用。

【功效与主治】温中散寒，燥湿行气。适用于胃痛、喘证等疾病。对脾胃寒湿气滞所致的脘腹胀满、疼痛不舒、不思饮食、四肢倦怠等症状，以及痰湿阻肺所致的喘息不止、呼吸气促、胸部胀闷、痰多稀薄色白兼有头痛鼻塞等症状有一定疗效。

【膳食服法】餐时服用。

茯苓

【来源】多孔菌科真菌茯苓的菌核。

【性味归经】甘、淡，平。归脾、肾、心经。

【功效与主治】利水渗湿，健脾和胃，宁心安神。主治淋证、咳嗽、心悸等疾病。适用于脾虚水泛所致的水肿、小便不利、痰饮咳逆、腹泻、遗精淋浊等症状，以及心脾失养所致的呕哕、多梦健忘等症状。现代医学研究表明，茯苓对癌症有一定的预防作用。

【药理成分】含有β-茯苓聚糖、三萜新类化合物乙酰茯苓酸、脂肪、卵磷脂、葡萄糖、腺嘌呤、组氨酸、树胶、甲壳质、蛋白质胆碱、脂肪酶、蛋白酶等。

【附注】阴虚而无湿热、虚寒滑精者不宜单独食用。

茯苓配白糖　养心安神，健脾利水

茯苓白糖饼

【食药材】茯苓50克，米粉50克，白糖50克。

【膳食制法】
1. 将茯苓洗净并打细粉备用。
2. 将茯苓粉、米粉、白糖加水调糊。
3. 倒入平底锅中，用文火煎烙成薄饼，即可食用。

【功效与主治】安心宁神，健脾渗湿，利水消肿。适用于水肿、心悸等疾病。对脾虚湿盛所致的腰以下肿、小便不利、周身倦怠、身体困重等症状，以及心虚脾弱所致的心悸短气、食少乏力、失眠健忘等症状有一定疗效。

【膳食服法】餐时服用。

茯苓配鲤鱼　健脾益气，利水消肿

【食材介绍——鲤鱼】

鲤鱼，属鲤科淡水鱼，是我国居民常食鱼类之一。鲤鱼含有蛋白质、脂肪、维生素A、维生素C、维生素D、核黄素、尼克酸、钾、镁、锌、硒等多种成分。中医认为，鲤鱼味甘，性平，归脾、胃、肾、胆经，具有健脾养胃、利水消肿、通乳安胎、止咳平喘的功效。现代医学研究表明，鲤鱼所含有的脂肪多为不饱和脂肪酸，能够有效降低体内血清胆固醇含量，可以防治动脉硬化、冠心病等心脑血管疾病。鲤鱼中的蛋白质含量高、质量佳，且易被人体吸收，同时由于我国居民常食鲤鱼，故是我国居民补充优质蛋白的良好食材。鲤鱼富含钾，常食鲤鱼可防治低钾血症。鲤鱼肉中含有大量的维生素A，可有效促进眼部发育，有利于提高视力。鱼头富含具有促进大脑发育作用的卵磷脂，有助于提升记忆力。一般人均可食用鲤鱼，尤适宜于儿童、学生、孕产妇及水肿、黄疸肝炎、胎动不安等人群。患有红斑狼疮、皮肤湿疹等皮肤疾病者及血栓闭塞性脉管炎等疾病者不宜单独食用。

茯苓烧鲤鱼

【食药材】茯苓10克，鲤鱼500克，板栗350克，植物油200克，清汤、葱、姜、盐、酱油、料酒等调味品适量。

【膳食制法】

1. 将茯苓洗净，用纱布袋包好。鲤鱼洗净，划开鱼肉，放入盆内。葱、姜切末。

2. 鱼盆中加入酱油、料酒、盐及切好的葱姜，腌制30分钟。

3. 将板栗洗净切小口，放入沸水，锅中煮熟，剥壳。

4. 将锅烧热，倒入适量植物油，待油烧至六成热，放入鲤鱼，炸至鱼双面金黄时捞出，再将板栗放入油中炸约2分钟捞出。

5. 将炸好的鱼和板栗放入锅内，加入适量清汤，加入药包、酱油、料酒、葱、姜、盐，文火炖至鱼肉熟烂，武火收汁，拣出药包，待汁浓后，即可食用。

【功效与主治】健脾益气，利水消肿。适用于泄泻、水肿等疾病。对脾虚湿困所致的饮食减少、胃脘胀满、大便泄泻、肢体浮肿、周身困重、倦怠乏力、小便不利等症状有一定疗效。现代医学研究表明，本方对慢性胃肠炎、慢性肾炎、肾病综合征等疾病有一定防治作用。

【膳食服法】餐时服用。

茯苓配甲鱼 补虚健脾，滋阴止汗

参麦甲鱼

【食药材】茯苓10克，人参3克，浮小麦6克，活甲鱼1只，瘦火腿肉100克，生猪板油25克，鸡蛋1个，鸡汤500克，葱段、姜片、食盐、料酒等调味品适量。

【膳食制法】

1. 将甲鱼杀好洗净。

2. 锅中加入清水适量，放入甲鱼煮沸后，用文火煮约30分钟捞出，放在温水内，除去黄油，剔去背甲和腹甲及四肢的粗骨，洗净，切成小块，摆入碗内。

3. 将火腿切成小片，生猪板油切成丁，放在甲鱼肉上，加入葱段、姜片、食盐、料酒及适量的鸡汤。

4. 将洗净的人参打成粉末，均匀撒在甲鱼肉上；将浮小麦和茯苓洗净后用纱布包好，放入鸡汤，湿绵纸封口，上笼蒸至龟肉熟烂。

5. 拣去葱段、姜片和药包。

6. 将原汤倒入锅里，加盐，煮沸后，将鸡蛋打入汤内，再沸后，浇在甲鱼肉上，即可食用。

【功效与主治】补虚健脾，滋阴止汗。适用于汗证。对肺卫不固所致的自汗恶风、稍劳汗出尤甚、易于感冒、体倦乏力、面色少华等症状，以及阴虚火旺所致的夜间汗出、五心烦热、午后潮热、两颧色红、口渴面赤等症状有一定疗效。

【膳食服法】餐时服用。

【附注】本品滋腻，故不宜进食过多。

茯苓配大白菜　调中和胃，健脾除湿

茯苓白菜饮

【食药材】茯苓10克，山药5克，百合5克，大枣10枚，大白菜150克，白砂糖等调味品适量。

【膳食制法】

1. 将大白菜洗净切片，大枣洗净去核，山药、茯苓、百合洗净并用纱布袋包好。

2. 将上述材料一起放入砂锅内，加水适量，武火烧开，文火煎煮30分钟后，拣出药包，放入白砂糖调味，即可饮用。

【功效与主治】调中和胃，健脾除湿。适用于咳嗽、泄泻等疾病。对阴虚肺燥所致的干咳少痰、痰中带血、五心烦热等症状，以及脾胃不和所致的食少便溏、腹胀腹痛、倦怠乏力、少气懒言等症状有一定疗效。

【膳食服法】代茶饮。

茯苓配小米　健脾利水，和胃止痛

茯苓赤小豆小米粥

【食药材】茯苓10克，赤小豆10克，小米100克，食盐等调味品适量。

【膳食制法】

1. 将茯苓洗净、烘干并研末后用布袋包好，小米淘洗干净，赤小豆用清水浸泡3小时。

2. 将以上三味加适量水放入锅中，煮至豆熟，共熬煮成粥，捞出药包，加入食盐调味，即可食用。

【功效与主治】健脾利水，和胃止痛。适用于水肿、痰饮等疾病。对脾胃气虚所致的水肿胀满、身体肥胖、小便不利等症状，以及饮邪犯肺所致的痰饮咳嗽、胸胁支满、呼吸困难等症状有一定疗效。另外，本方对改善痛风症状有一定作用。

【膳食服法】餐时服用。

茯苓配糯米　补脾益气，祛湿止泻

茯苓白雪糕

【食药材】茯苓100克，炒山药50克，芡实30克，莲子30克，粳米50克，糯米500克，白糖适量。

【膳食制法】

1. 将茯苓、炒山药、芡实、莲子洗净研末，粳米、糯米研为米末。
2. 将药末、米末拌匀蒸熟，加白糖及水适量，制成饼子，烤熟即可食用。

【功效与主治】补脾益气，祛湿止泻。适用于泄泻、腹痛等疾病。对脾肾阳虚所致的黎明之前脐腹作痛、肠鸣即泻、泻下完谷、泻后即安、小腹冷痛、形寒肢冷、倦怠纳少、少气懒言等症状有一定疗效。

【膳食服法】餐时服用。

薏苡仁

【来源】禾本科植物薏苡的干燥成熟种仁。

【性味归经】甘、淡,微寒。入脾、胃、肺经。

【功效与主治】利湿健脾,舒筋除痹,清热排脓。主治水肿、泄泻、带下、痹证、肺痈等疾病。适用于水湿内停所致的水肿、小便不利和湿邪留滞肌肉筋脉之风湿痹痛、筋脉挛急等症状,以及脾虚湿盛所致的便溏泄泻和心脾气虚所致的心悸、失眠、健忘、多梦等症状。

【药理成分】含有薏苡仁酯、糖类、脂类、氨基酸等。

【附注】本品力缓,宜多服、久服。脾虚无湿、大便燥结者不宜单独食用。

薏苡仁配冰糖　健脾利水，柔筋止痛

薏苡仁冰糖粥

【食药材】炒薏苡仁30克，冰糖20克。

【膳食制法】

1. 砂锅加水适量，将薏苡仁煮烂成粥。
2. 再掺入冰糖，待冰糖溶入粥内，即可食用。

【功效与主治】健脾利水，柔筋止痛。适用于水肿、泄泻等疾病。对脾虚湿盛所致的小便不利、周身浮肿、大便溏薄、筋脉挛急、四肢屈伸不利、周身困重等症状有一定疗效。

【膳食服法】餐时服用。

【附注】本方略有燥性，故大便秘结者应慎用。

薏苡仁配糯米　除痹柔筋，健脾益气

薏苡仁酒

【食药材】炒薏苡仁1500克，糯米1000克，甜酒曲适量。

【膳食制法】

1. 将薏苡仁洗净研成末与甜酒曲拌匀，并用纱布袋包好。
2. 将糯米用清水浸泡后蒸熟，与以上材料共入酒坛。
3. 密封后每日摇晃1次，7天后捞出药包，即可饮用。

【功效与主治】除痹柔筋，健脾益气。适用于痹证、痿证等疾病。对风寒入络所致的肢体关节疼痛甚至不可屈伸、皮色不红、周身困重、头重如裹等症状，以及湿邪浸淫所致的四肢痿软、肢体困重或微肿麻木、胸脘痞闷、大便黏腻等症状有一定疗效。

【膳食服法】适量饮用。

薏苡仁配土豆 补中益气，健脾利湿

【食材介绍——土豆】

土豆，又名马铃薯，为茄科植物马铃薯的根茎。马铃薯的营养价值非常高，现已是我国五大主食之一。马铃薯含有碳水化合物、蛋白质、维生素A、B族维生素、维生素C、龙葵素、钾、钠、钙、磷、铁等多种成分。中医认为，马铃薯味甘，性平，归胃、大肠经，具有和胃健中、解毒消肿的功效。现代医学研究表明，马铃薯所含的淀粉在体内吸收非常缓慢，相较于其他淀粉类食物，不会导致人体血糖过快上升，故马铃薯适合糖尿病人食用。马铃薯是典型的高钾低钠食材，适合低血钾者食用，同时钾还能保护心肌细胞，抑制钠过量吸收，从而保心脏、降血压。马铃薯富含优质纤维素，在肠道内可以供给肠道微生物大量营养，促进其生长繁殖，同时还可以促进肠道蠕动，有通便排毒的作用。马铃薯含有多种维生素及微量元素，并且几乎不含脂肪，是一种健康食物，常食有利于身体健康。一般人均可食用马铃薯，尤其适宜于低钾血症、胃痛、便秘、肥胖、糖尿病、血脂异常症、高血压等人群。

薏苡参芪土豆砂锅

【食药材】炒薏苡仁20克，党参5克，炙黄芪5克，炒白扁豆20克，土豆500克，生姜5克，大枣10克，白糖适量。

【膳食制法】

1. 将党参、黄芪、薏苡仁、白扁豆、大枣洗净，用纱布包好，再以冷水泡透。生姜洗净切碎，土豆洗净切块。
2. 将药包置于砂锅内，加水适量，用武火烧沸，放入生姜及土豆块。
3. 改用文火煨熬至土豆熟烂，捞出药包，放入适量白糖调味，即可食用。

【功效与主治】补虚调中，健脾益气。适用于虚劳、腹痛等疾病。对脾胃气虚（年老及病后）所致的周身乏力、少气懒言、食少便溏、面色萎黄、腹痛绵绵、痛时喜按、胃纳不佳等症状有一定疗效。

【膳食服法】餐时服用。

【附注】本方具有补气升阳作用，故凡具有肝阳上亢之头痛面红等症状者慎用。

薏苡仁配菠菜 健脾和胃，补气生血

薏苡仁菠菜粥

【食药材】炒薏苡仁20克，菠菜30克，糯米100克，红枣10枚，红糖30克。

【膳食制法】

1. 将红枣用沸水浸泡后去核，菠菜洗净切段。
2. 将糯米、薏苡仁及红枣淘洗干净，加入清水适量，熬煮至粥将熟，加入菠菜段。
3. 煮至粥熟，加入红糖调匀，即可食用。

【功效与主治】健脾和胃，补气生血。适用于血证、虚劳等疾病。对脾虚胃弱所致的鼻衄（或兼齿衄、肌衄）、神疲乏力、面色苍白、头晕耳鸣、夜寐不宁等症状，以及气血亏虚所致的纳差食少、心慌气短、睡眠不佳等症状有一定疗效。

【膳食服法】餐时服用。

【附注】大便溏薄者应慎食。

薏苡仁配猪肺　补肺健脾，止咳平喘

【食材介绍——猪肺】

猪肺，为猪科动物猪的肺。猪肺含有蛋白质、脂肪、维生素B_1、维生素B_2、烟酸、钙、磷、铁等多种成分。中医认为，猪肺味甘，性平，归肺经，具有补肺止咳、止血的功效。现代医学研究表明，猪肺含有较多的蛋白质，脂肪含量较猪肉低，并且含有多种营养成分，是一种高蛋白低脂食物，常食有利于补充人体所需膳食元素。一般人均可食用，尤其适宜于咳嗽、咯血、肺结核、减肥者。

薏苡仁猪肺粥

【食药材】炒薏苡仁30克，猪肺500克，粳米100克，葱、生姜、盐等调味品适量。

【膳食制法】

1. 将猪肺洗净，入水煮沸，焯制后捞出，切成丁。
2. 将薏苡仁、粳米淘净。
3. 将上三味同入砂锅，文火煨炖至粥熟，加入葱、生姜、盐调味，即可食用。

【功效与主治】健脾益气，补肺降气。适用于喘证、咳嗽、泄泻等疾病。对肺失宣降所致的喘促短气、气怯声低、喉有鼾声、咳声低弱、痰吐稀薄、自汗畏风、易于感冒等症状，以及肺气上逆所致的时有咳嗽、气急喉痒、咯痰稀薄色白和脾虚湿盛所致的大便溏薄、身体困重、少气懒言等症状有一定疗效。

【附注】大便干结者应慎食。

薏苡仁配柿饼　健脾益气，润肺养阴

薏苡仁山药柿饼粥

【食药材】炒薏苡仁30克，山药20克，带霜柿饼30克。

【膳食制法】

1. 将山药和薏苡仁洗净，捣成碎粒。

2. 将上两味放入砂锅，加清水适量，武火烧开，文火煮30分钟，加入切碎的柿饼，煮至熟烂，即可食用。

【功效与主治】健脾益气，润肺养阴。适用于厌食、汗证等疾病。对脾肺亏虚所致的睡中汗出或活动后汗出、心慌少寐、神疲气短、面色无华、饮食欠佳、午后低热、烘热汗出等症状有一定疗效。

【膳食服法】餐时服用。

【附注】大便干结者应慎食。

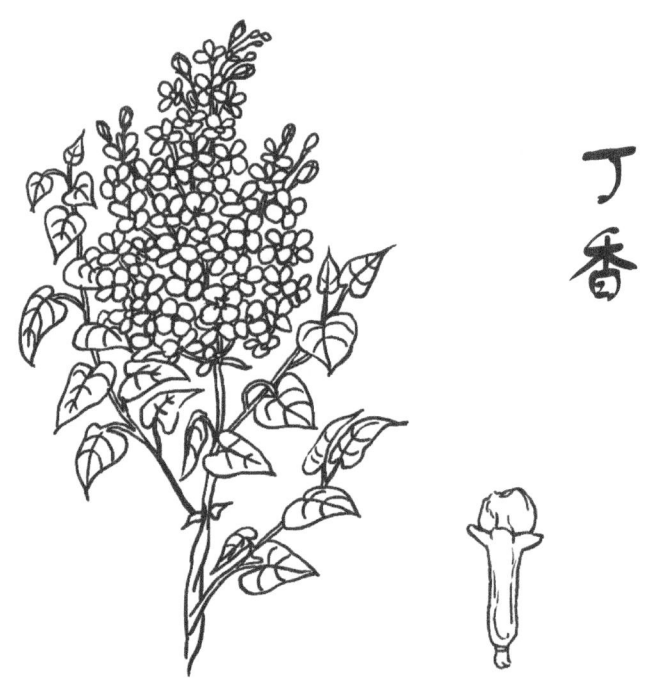

丁香

【来源】桃金娘科植物丁香的干燥花蕾。

【性味归经】辛，温。归脾、胃、肺、肾经。

【功效与主治】温中降逆，补肾助阳。主治呃逆、呕吐、虚劳等疾病。适用于胃寒所致的呕吐、呃逆等症状，以及肾阳不足所致的阳痿阴冷、寒湿带下、心腹冷痛等症状。

【药理成分】含有丁香油，其中主要为丁香油酚，又含鞣质、齐墩果酸等。

【附注】不宜与郁金同用。胃热之呃逆或兼有口渴、口苦、口干者不宜单独食用。

丁香配芹菜　温中行气，降逆止呃

丁香芹菜汤

【食药材】丁香3克，生姜3片，芹菜50克，盐等调味品适量。

【膳食制法】

1. 将芹菜洗净切丁，生姜洗净切片。
2. 将丁香、生姜放入砂锅内，加清水适量。
3. 武火烧开，文火煎煮10分钟，加入芹菜丁，煮10分钟，加盐调味，即可服用。

【功效与主治】温中行气，降逆止呃。适用于呃逆、咳嗽等疾病。对膈间气机不利所致的时有打嗝、胸膈满闷、胃脘不舒、遇寒则甚、进食减少、口淡不渴等症状，以及肺气上逆所致的咳嗽痰多、咳吐清稀等症状有一定疗效。

【膳食服法】餐时服用。

【医学分析】膳食中丁香辛温，善温中散寒、下气止呃；芹菜能降胃气而止呃；生姜温中和胃。三味相配共奏温中降逆、下气止呃之效。胃气以降为顺，邪阻寒遏则胃气不降反逆，上冲喉间，故见呃逆，其特点为呃声沉缓有力、无特殊气味，寒去胃和则呃逆止。故食用本粥对膈间气机不利所致的呃逆、咳嗽等症状有一定疗效。

丁香配粳米　健脾消食，和胃止痛

丁香粳米粥

【食药材】丁香3克，粳米50克，白糖适量。

【膳食制法】

1. 将丁香洗净并用纱布包好，粳米淘洗干净。
2. 将药包和粳米放入砂锅，加入清水适量，武火烧开，文火煮至粥熟。
3. 捞出药包，加白糖适量，即可食用。

【功效与主治】健脾消食，和胃止痛。适用于胃痛、呕吐等疾病。对暴饮暴食所致的胃脘疼痛、胀满不消、疼痛拒按、嗳腐吞酸或呕吐不消化食物、不思饮食或厌食、大便不爽、得矢气或便后稍舒等症状有一定疗效。

【膳食服法】餐时服用。

丁香配雪梨　健脾和胃，润肺止咳

丁香雪梨饮

【食药材】丁香3克，雪梨1个。

【膳食制法】

1. 将雪梨剖开去核，切块。丁香洗净，用纱布袋包好。
2. 将二者放入清水锅，武火烧开，文火同煮30分钟，捞出药包，即可食用。

【功效与主治】健脾和胃，润肺止咳。适用于呕吐、呃逆等疾病。对气虚阳亏所致的饮食不下、面色苍白、精神衰惫、形寒气短、面浮足肿、泛吐清涎、腹胀便溏及胃气不降所致的喉间呃呃连声等症状有一定疗效。

【膳食服法】餐时服用。

丁香配鸭肉　温中和胃，补肾助阳

丁香肉桂草寇鸭

【食药材】丁香5克，肉桂2克，草豆蔻2克，鸭肉1000克，姜、葱、盐等调味品适量。

【膳食制法】

1. 将丁香、肉桂、草豆蔻洗净，用纱布包好，放入砂锅，加清水适量，武火烧开，文火煎煮20分钟，去渣取汁，备用。

2. 再将葱、姜洗净后拍破，鸭肉洗净切块待用。

3. 砂锅加清水适量，置武火上，加入姜、葱后入鸭肉，煮沸撇去浮沫，文火加入药汁、盐，煮至鸭熟，即可食用。

【功效与主治】温中和胃，补肾助阳。适用于呃逆、遗精、阳痿等疾病。对脾胃虚弱所致的胃腹冷痛、呃逆嗳气、倦怠乏力、少气懒言等症状，以及肾阳不足所致的阳痿遗精等性生活障碍、腰膝冷痛、小便清长、大便溏泄等症状有一定疗效。

【膳食服法】餐时服用。

丁香配白糖　除烦止呕，生津止渴

丁香酸梅除暑汤

【食药材】丁香5克，乌梅100克，山楂10克，陈皮2克，白糖适量。

【膳食制法】

1. 将乌梅和山楂洗净、打破，备用。

2. 将乌梅、山楂同陈皮、丁香用纱布包好，放入锅中加水适量，煎煮30分钟。

3. 捞出药包，去渣取汁，兑入白糖溶化，即可饮用。

【功效与主治】除烦止呕，生津止渴。适用于消渴、呕吐等疾病。对暑热伤津所致的口渴食少、心烦不寐、身体消瘦等症状，以及暑湿困脾所致的肢体困乏、脘腹痞闷、神疲乏力、厌食油腻等症状有一定疗效。

【膳食服法】餐时服用。

【附注】糖尿病患者去白糖。

八角茴香

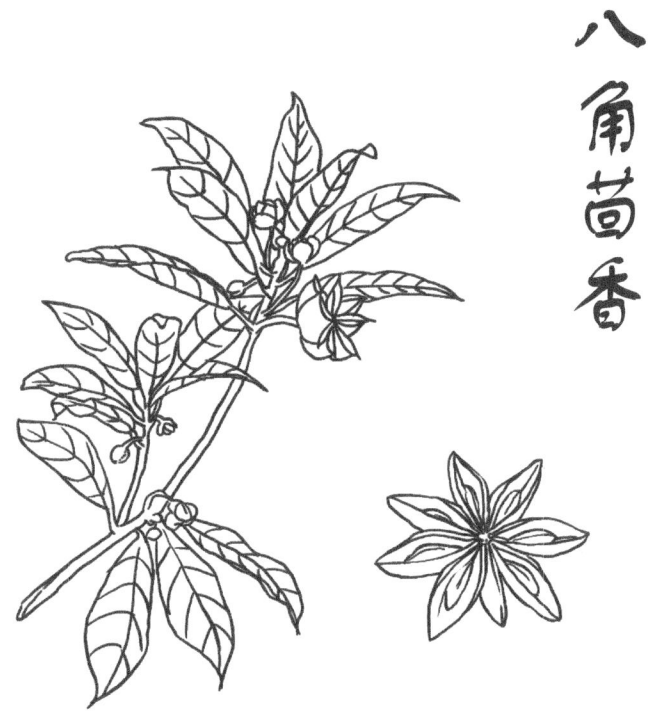

【来源】木兰科植物八角茴香干燥成熟的果实。

【性味归经】辛,温。归肝、脾、胃、肾经。

【功效与主治】温阳散寒,理气止痛。主治疝气、腰痛、呕吐等疾病。适用于寒邪凝结所致的少腹冷痛、腰胝痛、睾丸偏坠等症状,以及气滞胃寒所致的食入即吐、食少腹胀等症状。

【药理成分】含有大茴香脑、黄樟油素、大茴香醛、茴香酮等。

【附注】阴虚火旺者不宜单独食用。

八角茴香配猪肉　开胃消食，健脾益气

八角炒肉

【食药材】八角茴香5克，猪里脊肉500克，植物油20克，食盐、葱、姜等调味品适量。

【膳食制法】

1. 将里脊肉、八角茴香洗净，猪肉切小块，备用。
2. 清水锅中加入八角茴香、猪肉，煮至肉熟。
3. 将油烧至7成热，放入猪肉武火炒至外焦，加食盐、葱、姜调味，即可食用。

【功效与主治】开胃消食，健脾益气。适用于厌食、虚劳、泄泻等疾病。对脾胃虚弱所致的不思进食、食不知味、食量减少、形体偏瘦、面色少华、精神欠振或有大便溏薄夹不消化物等症状有一定疗效。

【膳食服法】餐时服用。

八角茴香配鸡蛋　健脾温中，行气和胃

八角茶蛋

【食药材】八角茴香5克，鸡蛋5个，香叶4克，黄茶10克，香菜叶、糖、盐等调味品适量。

【膳食制法】

1. 将鸡蛋洗净放入清水锅中，加入八角茴香、香叶、食盐、糖。
2. 煮鸡蛋至熟，放入冷水凉透。
3. 将鸡蛋去壳，入锅，加香菜叶、黄茶，武火烧开，文火煎煮20分钟，

关火，浸泡至蛋入茶味，即可食用。

【功效与主治】健脾温中，行气和胃。适用于胃痛、腹痛、虚劳等疾病。对脾胃虚寒所致的腹部冷痛、胃脘不适、时作时止、痛时喜按、得温则舒、饥饿劳累后加重、神疲乏力、气短懒言、形寒肢冷、胃纳不佳、大便溏薄、面色不华等症状有一定疗效。

【膳食服法】餐时服用。

八角茴香配毛豆　祛寒开胃，健脾益气

八角茴香盐水毛豆

【食药材】八角茴香5克，毛豆500克，花椒2克，食盐适量。

【膳食制法】

1. 将毛豆搓洗干净，剪去两端。
2. 砂锅中放入洗净的八角茴香、花椒、盐煮10分钟，加毛豆。
3. 煮毛豆至熟，关火放置2小时，即可食用。

【功效与主治】祛寒开胃，健脾益气。适用于腹痛、虚劳等疾病。对脾阳亏虚所致的饮食不佳、神疲体倦、活动后汗出、畏寒肢冷、少气懒言等症状有一定疗效。

【膳食服法】餐时服用。

八角茴香配鸭肉　滋阴清热，开胃醒脾

八角卤鸭拼盘

【食药材】八角茴香6克，草果2克，鸭腿200克，鸭脚4个，鸭胗4个，鸭翅4个，生抽、老抽、料酒、红糖、盐等调味品适量。

【膳食制法】

1. 将所有鸭货洗净，放入清水锅中，再加入洗净的八角茴香和草果及生抽、老抽、料酒、红糖、盐等调味料。

2. 加入清水适量，武火煮沸，文火煮至鸭肉熟透，关火，放置2小时，捞起切块，即可食用。

【功效与主治】滋阴清热，开胃醒脾。适用于厌食、胃痛等疾病。对脾虚胃弱所致的胃纳不佳、不思饮食、面色少华、精神欠振及胃脘隐隐灼痛、似饥而不欲食、口燥咽干、口渴思饮、消瘦乏力等症状有一定疗效。

【膳食服法】餐时服用。

八角茴香配鲤鱼 温中开胃，健脾益气

火烧鲤鱼

【食药材】八角茴香6克，鲤鱼1条，白酒50毫升，莳萝3束，橄榄油、葱丝、姜丝、蒸鱼豉油、盐、胡椒粉等调味品适量。

【膳食制法】

1. 将鲤鱼洗净，烤箱预热至160℃。

2. 将莳萝洗净切碎，将洗净的八角茴香研末，加适量盐和胡椒粉混合，均匀涂抹在鲤鱼体内，再抹上橄榄油，入炉烘烤至鱼熟。

3. 将鲤鱼烤熟后取出，淋上白酒并火烧，直至酒精燃烧殆尽。

4. 用蒸鱼豉油，加葱丝、姜丝制成酱汁，浇于鱼上，即可食用。

【功效与主治】温中开胃，健脾益气。适于呕吐、胃痛等疾病。对寒邪袭胃所致的胃痛暴作、甚则拘急作痛、得热痛减或喜热饮和胃气上逆所致的饮食稍多即欲呕吐、食入难化、胸脘痞闷等症状，以及脾阳亏虚所致的畏寒肢冷、面色㿠白、四肢不温等症状有一定疗效。

【膳食服法】餐时服用。

花椒

【来源】芸香科灌木或小乔木花椒干燥的成熟果皮。

【性味归经】辛，温。归脾、胃、肾经。

【功效与主治】温中止痛，燥湿杀虫。主治胃痛、腹痛、呕吐、泄泻、虫证等疾病。适用于虫犯脾胃所致的脐周腹痛、胃脘嘈杂（甚或吐虫、便虫，甚则不思饮食、面黄肌瘦、睡中咬齿、流涎）等症状，以及脾胃虚寒所致的脘腹冷痛、食少呕吐等症状。在现代医学中，花椒对糖尿病、高血压等症有一定的预防作用。

【药理成分】含有挥发油、川椒素、植物甾醇以及不饱和有机酸、磷、铁等。

【附注】阴虚火旺者不宜单独食用。

花椒配粳米　温中止痛，散寒除湿

花椒粳米粥

【食药材】花椒粉3克，粳米100克，葱末、姜末、食盐等调味品适量。

【膳食制法】

1. 将淘洗干净的粳米放入砂锅，加清水适量，武火煮开，加花椒粉，搅拌均匀，煮至粥熟。
2. 放入葱末、姜末、食盐，搅拌调匀，即可食用。

【功效与主治】温中止痛，散寒除湿。适用于虫证、泄泻等疾病。对寒邪客胃所致的脘腹冷痛、呕吐腹泻、脐周腹痛、作止无定（甚则异嗜、便蛔吐蛔）等症状有一定疗效。

【膳食服法】餐时服用。

【附注】阴虚火旺者慎用。

花椒配猪肉　温中健脾，散寒止痛

花椒烧五花肉

【食药材】花椒粉10克，五花肉1000克，蜂蜜适量，八角、葱、姜、白糖、生抽、盐、料酒等调味品适量，高汤300毫升。

【膳食制法】

1. 将五花肉洗净，入锅炖至八成熟捞出，趁热抹上蜂蜜，备用。
2. 将五花肉入油锅炸至变色，五花肉切薄片。
3. 将花椒粉和八角均匀铺于碗底，摆上肉片。
4. 将生抽、白糖、料酒、盐、高汤调成料汁。

5. 将料汁浇在摆好肉片的碗中，料汁略高过肉片，上面撒上葱、姜，放入蒸锅，武火烧开，文火慢蒸2小时，即可食用。

【功效与主治】温中健脾，散寒止痛。适于腹痛及厌食等疾病。对脾胃气虚所致的胃痛隐隐、绵绵不休、冷痛不适、泛吐清水、食少神疲、手足不温等症状，以及脾失健运所致的厌恶进食、饮食乏味、食量减少或脘腹痞闷、大便稀溏等症状有一定疗效。

【膳食服法】餐时服用。

花椒配鸡肉　温中健脾，益气养血

花椒南瓜莴笋鸡

【食药材】花椒20克，鸡肉500克，南瓜300克，莴笋1根，干辣椒3克，豆豉酱、白糖、盐、葱、姜等调味品适量。

【膳食制法】

1. 将花椒洗净，用纱布包好，备用。

2. 将鸡肉洗净，切成小块。南瓜洗净去皮，切成小块。莴笋去皮切小块，葱切段，姜切片，备用。

3. 锅中倒入油，烧至7成热，放葱、姜爆香，倒入鸡块翻炒5分钟后，放入干红辣椒继续翻炒2分钟，加入适量糖、盐、豆豉酱调味。

4. 搅拌均匀，倒入开水，加入花椒包，文火煮10分钟，倒入南瓜块和莴笋块搅匀，煎煮鸡肉、南瓜至熟透，收汤，去花椒包，即可食用。

【功效与主治】温中健脾，益气养血。适用于厌食、心悸等疾病。对脾虚不运所致的周身困重、头目晕眩、厌恶进食等症状，以及心虚胆怯所致的心慌不宁、善惊易恐、坐卧不安、少寐多梦、易于惊醒、食少纳呆、恶闻声响等症状有一定疗效。

【膳食服法】餐时服用。

花椒配冬瓜　温中和胃，利水渗湿

花椒冬瓜豆腐汤

【食药材】花椒5克，冬瓜100克，豆腐50克，盐、生抽、葱花等调味品适量。

【膳食制法】
1. 将豆腐、冬瓜切片，备用。
2. 将花椒洗净并用纱布袋包好，备用。
3. 砂锅加纱布包及清水适量，武火烧开，下入豆腐和冬瓜。
4. 煮至冬瓜熟透，拣去布包，加盐、生抽、葱花调味，即可食用。

【功效与主治】温中和胃，利水渗湿。适用于腹痛、水肿等疾病。对脾胃虚寒所致的腹痛绵绵、时作时止、痛时喜按、得温则舒、累后加重、得食后减轻、神疲乏力、形寒肢冷、胃纳不佳、面色㿠白等症状，以及脾虚湿侵所致的身体浮肿、腰以下为甚、按之凹陷、不易恢复、脘腹胀闷、纳减便溏、面色无华等症状有一定疗效。

【膳食服法】餐时服用。

花椒配面粉 温中健脾，和胃散寒

花椒粉花卷

【食药材】花椒粉5克，面粉500克，酵母、食盐、葱花适量。

【膳食制法】

1. 将面发好揉光滑，擀开。
2. 撒上食盐、花椒粉与葱花后放油，卷起。
3. 切段后两个重叠，成型后蒸好，即可食用。

【功效与主治】温中健脾，和胃散寒。适用于胃痛、腹痛等疾病。对寒邪客胃所致的脘腹不适、疼痛暴作、拘急作痛、恶寒喜暖、得热痛减、遇寒痛增、口淡不渴或渴喜热饮等症状有一定疗效。

【膳食服法】餐时服用。

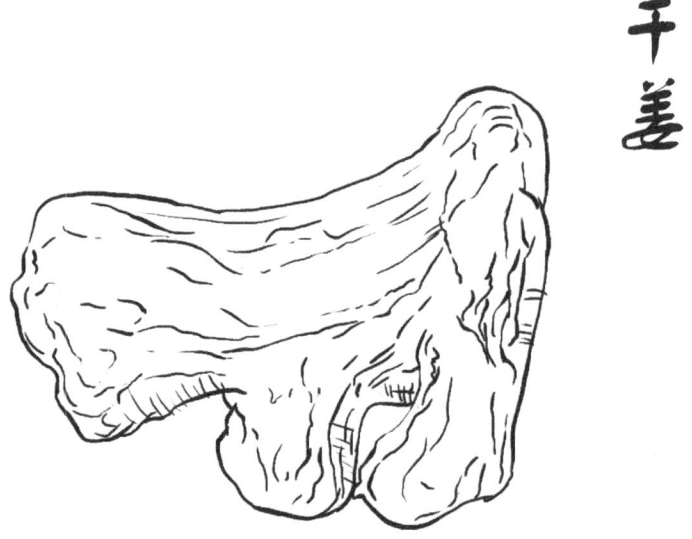

干姜

【来源】姜科植物姜干燥的根茎。

【性味归经】辛,热。归脾、胃、肾、心、肺经。

【功效与主治】温中散寒,回阳通脉,燥湿消痰。适用于虚寒所致的脘腹冷痛、呕吐泄泻、肢冷脉微、痰饮喘咳等症状。

【药理成分】含有挥发油,油中的主要成分为姜醇、芳樟醇、姜烯及桉油素;另外含姜辣素及其分解产物姜酮和多种氨基酸等。

【附注】阴虚内热、血热妄行者应慎服。

干姜配粳米　温中止痛，和胃散寒

二姜粥

【食药材】干姜3克，高良姜2克，粳米60克，调味品适量。

【膳食制法】

1. 将洗净的干姜和高良姜加水适量，放入榨汁机中，去渣取汁，备用。
2. 将粳米洗净，放入砂锅，加药汁及清水适量，同煮至粥熟，加入适量调味品即可食用。

【功效与主治】温中止痛，和胃散寒。主治腹痛等疾病。对脾胃虚寒所致的脘腹冷痛、呕吐呃逆、泛吐清水、肠鸣腹泻等症状，以及肝经寒凝所致的小肠疝气、少腹痛引睾丸、偏坠肿胀或少腹疼痛等症状。

【膳食服法】餐时服用。

【附注】本方温热的性质较强，故仅可用于治寒盛之证，尤以长夏受寒为宜。凡腹痛吐泻因于热邪者应慎用。对久患胃虚寒之人，本方宜先从小剂量开始服用，逐渐增加，并坚持守方，可收到良好效果。

干姜配黄茶　温中散寒，和胃止痛

干姜黄茶饮

【食药材】干姜2克，黄茶3克。

【膳食制法】

1. 将上二味洗净研末，用纱布袋包好，置于杯中。
2. 用沸水泡焖10分钟，即可饮用。

【功效与主治】温中散寒，和胃止痛。适用于呕吐、胃痛等疾病。对脾阳不足所致的畏寒肢冷、脘腹疼痛、大便清稀或浮肿、纳食减少、泛吐清涎、倦怠神疲等症状，以及胃气上逆所致的呕吐干哕、不思饮食、腹部胀满等症状有一定疗效。

【膳食服法】代茶饮。

【医学分析】膳食中干姜味辛大热，能温中散寒、和胃止吐；黄茶微寒，佐干姜以防燥热之弊。二味相配共奏温中散寒、和胃止呕之效。服用本品对脾阳不足所致的呕吐、胃痛等疾病有一定疗效。

干姜配红糖　补益脾胃，温中养血

姜枣红糖茶

【食药材】干姜3克，大枣5克，红糖5克。

【膳食制法】

1. 将大枣去核洗净，干姜洗净切片，放入纱布袋包好。
2. 将上两味放入沸腾的清水锅中，文火煎煮30分钟，再加红糖调味，去渣取汁，即可服用。

【功效与主治】补益脾胃，温中养血。适用于经行腹痛、月经不调、闭经等疾病。对寒邪凝滞所致的经前或经期小腹冷痛拒按、经血量少、色暗有块、畏寒肢冷、面色青白等症状，以及气血亏虚所致的月经不至或经期或经后小腹隐痛喜按、色淡质稀、神疲乏力、头晕心悸、失眠多梦、面色苍白等症状有一定疗效。

【膳食服法】餐时服用。

干姜配面粉　健脾益气，温中补虚

暖肾补阳饼

【食药材】干姜15克，神曲10克，肉桂5克，五味子5克，肉苁蓉10克，菟丝子10克，大枣10克，羊骨髓50克，酥油50克，蜂蜜100克，牛奶750毫升，面粉适量。

【膳食制法】
1. 将神曲、干姜、肉桂、五味子、肉苁蓉、菟丝子、大枣洗净并研末备用。
2. 将备好的药末与面粉、蜂蜜、羊骨髓、牛奶、酥油等一起搅拌均匀。
3. 置盆中盖严，半日后取出制饼，文火煎至饼熟，即可食用。

【功效与主治】健脾补阳，温肾助阳。适用于泄泻、阳痿等疾病。对脾肾阳虚所致的黎明之前腹痛、肠鸣即泄、泻后得安或伴见形寒肢冷、腰膝酸软等症状，以及命门火衰导致的食欲不振、阳痿遗精、身体消瘦、畏寒怕冷等症状有一定疗效。

【膳食服法】餐时服用。

【附注】心烦易怒者应慎食。

干姜配羊肉　温补脾阳，补益中气

姜椒羊肉馄饨

【食药材】干姜6克，芡实粉5克，精羊肉150克，胡椒5克，面粉适量，食盐、生抽、葱花等调味品适量。

【膳食制法】
1. 将胡椒和干姜洗净打细粉备用。

2. 将羊肉洗净剁碎，与胡椒末、干姜末搅拌均匀，并加盐、生抽、葱花等调味品适量，搅拌成馄饨馅。

3. 将面粉加芡实粉，加水适量，和做面团，擀制馄饨皮，并裹肉馅做馄饨，用清水将馄饨煮熟，即可食用。

【功效与主治】温补脾阳，补益中气。适用于痢疾、泄泻等疾病。对脾胃虚弱所致的饮食减少、体倦肢乏、少气懒言、面色萎黄、头晕眼花、大便稀溏（甚则清稀如水等症状），以及中气下陷所致的脱肛、久泻久痢（甚则大便随矢气而出）或伴有头晕目眩、肢体困重倦怠、声低懒言等症状有一定疗效。

【膳食服法】餐时服用。

【附注】大便灼热感者慎食。

干姜配黄瓜　补脾益气，利水祛湿

干姜瓜片饮

【食药材】干姜5克，黄瓜100克，大枣5枚，红糖30克。

【膳食制法】

1. 将黄瓜洗净切片，大枣洗净撕片，将干姜洗净打碎。

2. 将大枣、干姜加入砂锅，加清水适量，武火烧开，文火煎煮30分钟，去渣取汁，备用。

3. 将药汁加水适量，武火烧开，加入瓜片，煎煮5分钟，兑入红糖，即可饮用。

【功效与主治】补脾益气，利水祛湿。适用于水肿、肥胖、带下证等疾病。对脾虚湿盛所致的妇女带下量多、色白或淡黄、质稀无味、面色萎黄、四肢不温、神倦乏力等症状，以及肾虚水泛所致的全身浮肿（按之凹陷不起）、腰膝酸重、畏寒肢冷、腹部胀满等症状有一定疗效。

【膳食服法】代茶饮。

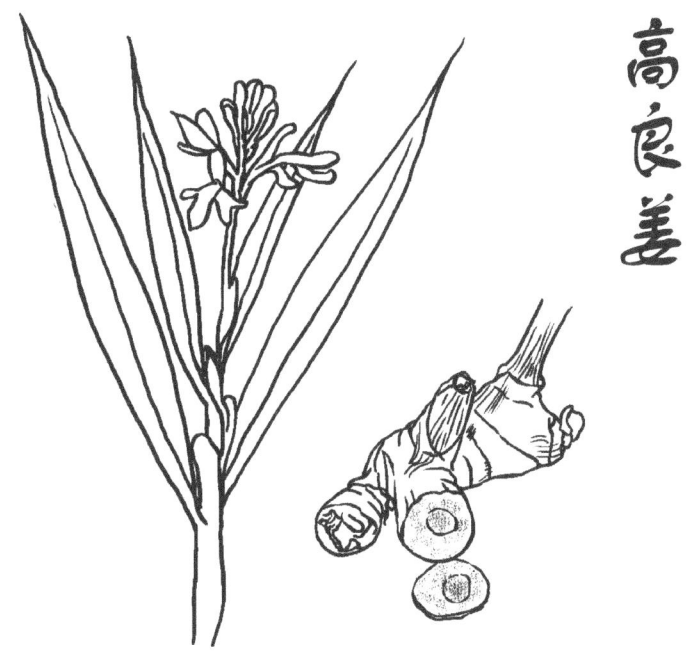

高良姜

【来源】姜科植物高良姜的干燥根茎。

【性味归经】辛，热。归脾、胃经。

【功能与主治】温胃散寒，消食止痛。主治胃痛、腹痛等疾病。适用于寒邪凝滞所导致的脘腹冷痛急起、剧烈拘急（得温痛减，遇寒尤甚）、恶寒身蜷、手足不温、口淡不渴、小便清长、大便自可、胃寒呕吐、嗳气吞酸等症状。

【药理成分】含有桉叶素、桂皮酸甲酯、丁香油酚、蒎烯、荜澄茄烯等，另外含黄酮类高良姜素、山柰素、山柰酚、槲皮素、异鼠李素和高良姜酚等。

【附注】阴虚有热者及胃热者不宜单独食用。

高良姜配高粱米　温中行气，散寒止痛

【食材介绍——高粱米】

高粱米，又名蜀黍，为禾本科高粱脱壳后而成，是我国传统的五谷之一。高粱含有碳水化合物、蛋白质、脂肪、钙、磷、铁、硫胺素、核黄素、尼克酸等多种成分。中医认为，高粱米味甘、涩，性温，归脾、胃、肺经，具有健脾止泻、化痰安神的功效。现代医学研究表明，高粱中含有单宁，有收敛固脱的作用，对于慢性腹泻的病人有一定疗效，但便秘者慎食。高粱米中含有极易被人体吸收的尼克酸，能防治"癞皮病"。高粱米作为五谷之一，是我国居民食用量较大的食材，含有大量碳水化合物可为人体提供丰富的能量。一般人均可食用高粱米，尤其适宜于慢性腹泻、癞皮病患者等人群。糖尿病患者、便秘者不宜单独食用。

良姜高粱粥

【食药材】高良姜6克，高粱米100克。

【膳食制法】

1. 将高良姜洗净，用纱布包好，放入砂锅，加清水适量，武火烧开，文火煎煮30分钟，去渣取汁，备用。

2. 将高粱米洗净，加入砂锅，放入药汁及清水适量，煮至粥熟，即可食用。

【功效与主治】温中行气，散寒止痛。适用于胸痹、腹痛等疾病。对寒凝心脉所致的心胸冷痛、感寒痛甚、心慌气短、形寒肢冷、冷汗自出等症状，以及寒凝中焦所致的胃部冷痛、吐泻转筋等症状有一定疗效。

【膳食服法】餐时服用。

【附注】胃部灼热者慎用。

高良姜配鸡肉　温补脾气，散寒止痛

良姜炖鸡块

【食药材】高良姜6克，草果3克，陈皮3克，鸡肉500克，胡椒粉、葱段、姜片、食盐等调味品适量。

【膳食制法】

1. 将鸡肉洗净切块，焯去血水，切块备用。

2. 将高良姜、草果洗净，用纱布包好；陈皮洗净，用纱布包好备用。

3. 将高良姜、草果纱布包与鸡肉同入砂锅，加清水适量，武火烧开，文火煎至鸡肉将熟，加入陈皮纱布包、胡椒粉、葱段、姜片、食盐，继续煎煮10余分钟，至鸡肉熟透，去药袋及葱姜，即可食用。

【功效与主治】温补脾气，散寒止痛。适用于胃痛、腹痛、呕吐、虚劳等疾病。对脾胃虚寒所致的腹痛绵绵、受寒后加重、喜按喜温、神疲乏力、气短懒言、形寒肢冷、胃纳不佳、大便溏薄、面色不华等症状，以及体虚微弱所致的面色萎黄、食少形寒、神倦乏力、肠鸣腹痛等症状有一定疗效。

【膳食服法】餐时服用。

高良姜配鹿肉　温中散寒，培补元阳

良姜鹿头肉

【食药材】高良姜6克，蔓荆子3克，茴香子3克，鹿头肉200克，椒盐等调味品适量。

【膳食制法】

1. 将蔓荆子、高良姜、茴香子打细粉，用纱布包好备用。

2. 将鹿头肉洗净，放入砂锅，加清水适量，放入纱布包，武火烧开，文火煎煮至鹿肉熟透。

3. 取鹿头肉切薄片。

4. 鹿头肉蘸椒盐，即可食用。

【功效与主治】温中散寒，培补元阳。适用于喘证、水肿等疾病。对脾肾阳虚所致的身肿、腰以下为甚、按之凹陷不易恢复、脘腹胀闷、纳减便溏、面色不华、小便短少等症状，以及肾不纳气所致的喘促日久、气息短促、呼多吸少、气不得续等症状有一定疗效。

【膳食服法】餐时服用。

高良姜配乌骨鸡　温中补虚，益气养血

良姜乌鸡汤

【食药材】高良姜5克，陈皮3克，胡椒2克，草果2克，乌鸡肉500克，盐、葱花、生抽等调味品适量。

【膳食制法】

1. 将乌鸡洗净切块，入沸水焯，除去血水。

2. 将陈皮、高良姜、草果、胡椒用纱布袋包好，与鸡块共入砂锅，加适量清水同炖至鸡肉将熟。

3. 砂锅加入食盐调味，煮至鸡肉熟烂，除去药包。

4. 放入适量葱、生抽等调味，即可食用。

【功效与主治】温中补虚，益气养血。适用于虚劳、厌食、崩漏等疾病。对气血亏虚所致的体倦乏力、纳差食少、心慌气短、健忘失眠、面色萎黄等症状，以及气不摄血所致的经血非时而下、量多如崩或淋漓不断、色淡质稀、不思饮食、四肢不温或面浮肢肿等症状有一定疗效。

【膳食服法】餐时服用。

高良姜配平菇　利水渗湿，行气和胃

【食材介绍——平菇】

平菇，又名侧耳、蚝菇，属侧耳科，是常见食用菇。平菇含有蛋白质、脂肪、碳水化合物、纤维素、B族维生素、平菇多糖、钾、钠、钙等多种成分。中医认为，平菇味甘，性温，归肝、胃经，具有祛风散寒、舒筋通络的功效。现代医学研究表明，平菇所含的氨基酸种类较多，可以与牛奶相媲美，并且其所含氨基酸能刺激人体感觉，产生鲜味。平菇多糖可以有效抑制肿瘤细胞，有抗肿瘤作用。平菇含有多种营养物质，可以促进人体新陈代谢，调节人体功能，适合体弱病人食用。此外，平菇还可以降胆固醇，防治更年期综合征。一般人均可食用平菇，尤其适宜于体弱者、更年期妇女和消化系统疾病、心血管疾病、腰腿疼痛及癌症患者食用。

良姜平菇羊肉汤

【食药材】高良姜6克，平菇250克，羊肉500克，羊肚1个，羊肺1具，草果5克，胡椒5克，葱10克，盐、生抽等调味品适量。

【膳食制法】

1. 将羊肉洗净切片，草果、高良姜洗净并用纱布袋包好，备用。
2. 将羊肚、羊肺洗净，切丝备用。
3. 将平菇洗净切丝，备用。
4. 砂锅中放入纱布袋，加水适量，放入羊肉片、羊肚丝、羊肺丝，武火烧开，撇去浮沫，煎煮至羊肉熟透。
5. 砂锅中放入葱花、胡椒粉、盐、生抽等调味料，即可食用。

【功效与主治】利水渗湿，行气和胃。适用于水肿、癃闭等疾病。对水湿阻遏所致的水肿按之没指、身体困重、胸闷腹胀、纳呆泛恶等症状，以及三焦气化失司所致的少腹胀满、小便不利、点滴而出等症状有一定疗效。

【膳食服法】餐时服用。

黑胡椒

【来源】胡椒科多年生藤本植物胡椒的干燥果实。

【性味归经】辛，热。归胃、大肠经。

【功效与主治】温中散寒，行气消痰，和胃解毒。主治腹痛、呕吐、泄泻、癫痫等疾病。适用于寒凝脘腹所致的脘腹冷痛（甚则痛势暴急）、遇寒加剧、恶心呕吐、吐后痛缓、口泛清水、面白或青、肢冷不温、大便溏泄等症状，以及寒痰凝滞所致的面色晦暗青灰而黄、手足清冷、双眼半开半合、昏愦拘急、抽搐时作等症状。

【药理成分】含有胡椒碱、胡椒新碱、胡椒脂碱、胡椒明碱、挥发油等。

【附注】消化道溃疡、咳嗽咯血、痔疮、咽喉炎症、眼疾者不宜单独食用。

黑胡椒配豆腐　温中补虚，润肠通便

黑胡椒豆腐蛋花汤

【食药材】黑胡椒粉5克，豆腐100克，鸡蛋1个，淀粉5克，香菜3克，高汤适量，生抽、白糖、醋等调味品适量。

【膳食制法】

1. 将豆腐洗净切细条，香菜洗净切碎。
2. 砂锅中加入水及高汤，开锅后加豆腐条，再开锅后加生抽、白糖、醋、水淀粉勾芡。
3. 将鸡蛋打散，汤内加黑胡椒粉，撒鸡蛋花、香菜，煮沸后，即可食用。

【功效与主治】温中补虚，润肠通便。适用于便秘、腹痛等疾病。对阳气亏虚所致的大便艰难、排出困难、小便清长、面色㿠白、四肢不温、腹中冷痛、腰膝冷痛等症状有一定疗效。

【膳食服法】餐时服用。

黑胡椒配洋葱　温中散寒，和胃止痛

黑胡椒洋葱圈

【食药材】黑胡椒粉5克，洋葱2个，鸡蛋1个，面包糠、淀粉适量，盐等调味品适量。

【膳食制法】

1. 将洋葱切成圈，加盐、黑胡椒煨15分钟。
2. 将准备好的淀粉、鸡蛋液、面包糠，依次裹上洋葱圈。
3. 锅中倒油，油温半熟时，将洋葱圈放入锅中，炸至金黄色，即可食用。

【功效与主治】温中散寒，和胃止痛。适用于痰饮等疾病。对寒痰食阻所致的反胃吐食、脘腹冷痛、呕吐清水、胸闷不适、咳嗽气喘、咳嗽痰多等症状有一定疗效。

【膳食服法】餐时服用。

黑胡椒配鸡蛋　温胃和中，健脾益气

黑胡椒炸蛋

【食药材】黑胡椒6克，鸡蛋4个，糯米粉适量，盐、植物油等调味品适量。

【膳食制法】

1. 将鸡蛋洗净煮熟，剥去外壳和膜皮，鸡蛋切成4块，撒上黑胡椒粉，备用。

2. 将糯米粉和盐、清水调成芡汁。

3. 锅内倒入植物油，油热后，鸡蛋蘸芡汁放入锅内，文火煎蛋至外皮焦黄，即可食用。

【功效与主治】温中健脾，散寒止痛。适用于腹痛、胃痛等疾病。对脾胃虚寒所致的脘腹胀痛、疼痛喜按、嗳腐吞酸、痛而欲泻、泻后痛减或大便稀薄、神疲乏力、气短懒言、胃纳不佳等症状有一定疗效。

【膳食服法】餐时服用。

胡椒生姜鸡蛋汤

【食药材】黑胡椒3克,生姜5克,鸡蛋1个,食盐、葱花等调味品适量。

【膳食制法】

1. 将生姜、黑胡椒洗净,共研末放入砂锅。

2. 将砂锅加水适量,武火烧沸,文火煮10分钟。

3. 将鸡蛋打破,搅匀至蛋起泡,加入沸水中至蛋花上浮,加食盐、葱花调味,即可食用。

【功效与主治】温胃和中,健脾益气。适用于呕吐、呃逆等疾病。对胃失和降所致的食后易吐、时作时止、胃纳不佳、脘腹痞闷、口淡不渴、面白少华、倦怠乏力等症状,以及脾胃虚寒所致的呃声低长、气不得续、手足不温、食少乏力、大便溏薄等症状有一定疗效。

【膳食服法】餐时服用。

黑胡椒配土豆　温中止痛,健脾益气

胡椒土豆泥

【食药材】黑胡椒5克,大枣(干)5克,土豆150克,盐等调味品适量。

【膳食制法】

1. 将大枣洗净、去核,打细末。黑胡椒研细末。

2. 土豆切小块,与大枣、黑胡椒一起,加入适量食盐混匀。

3. 装入盘中,隔水文火蒸熟,搅拌制泥,即可食用。

【功效与主治】温中止痛,健脾益气。适用于腹痛、呕吐、虚劳等疾病。对脾胃虚弱所致的脘腹痞闷胀痛、恶心呕吐等症状,以及血虚不荣所致的体倦乏力、纳差食少、心慌气短、记忆力减退、睡眠不佳、面色萎黄等症状有一定疗效。

【膳食服法】餐时服用。

荜茇

【来源】胡椒科植物荜茇的干燥近成熟或成熟果穗。

【性味归经】辛，热。归胃、大肠经。

【功能与主治】温中散寒，下气止痛。适用于脾胃虚寒所致的脘腹冷痛、呕吐吞酸、肠鸣泄泻等症状，以及寒凝气滞所致的头部疼痛、心胸疼痛、齿痛、鼻塞流涕等症状。现代医学研究表明，荜茇对常见病菌与流感病毒有抑制作用，还有明显的镇静与降压疗效。

【药理成分】含有胡椒碱、棕榈酸、四氢胡椒酸、挥发油等。

【附注】实热郁火、阴虚之证及五脏六腑有热无寒者不宜单独食用。

荜茇配粳米　温中散寒，和胃止痛

荜茇胡椒粥

【食药材】荜茇3克，胡椒2克，粳米60克，调味品适量。

【膳食制法】

1. 将荜茇、胡椒研为极细末。
2. 将粳米洗净，放入砂锅，加水适量，武火煮沸，文火煮至粥将熟。
3. 将以上二味药末加入粥中，继续煎煮15分钟，调味后即可食用。

【功效与主治】温中散寒，和胃止痛。适用于腹痛、泄泻、头痛等疾病。对脾胃虚寒所致的脘腹冷痛、肠鸣腹泻、大便溏薄等症状，以及寒凝气滞所致的心胸疼痛、头晕头痛、胸闷气短、心慌不宁等症状有一定疗效。现代医学研究表明，本方对慢性肠炎、功能性呕吐等病症有一定防治作用。

【膳食服法】餐时服用。

荜茇配羊头　温胃止呕，健脾温阳

【食材介绍——羊头】

羊头，为牛科动物山羊或绵羊的头部。羊头含有卵磷脂、脑甙脂、蛋白质、维生素A、维生素B、磷酸钙、碳酸钙等多种成分。中医认为，羊头味甘，性温，归脾、胃、肾、心经，有补虚健脑、温补气血的功效。现代医学研究表明，羊头含有丰富的蛋白质、钙、磷、铁等物质，同时羊头中的羊脑富含卵磷脂，可以促进大脑生长发育，提升记忆力。羊头肉细嫩，富含蛋白质和维生素，脂肪含量低，且易被消化，多吃能提高身体抗病能力。羊头骨富含磷酸钙、碳酸钙等成分，常食羊头汤可以有效补充人体骨骼发育所需物质，有利于强筋健骨。一般人均可食用羊头肉，尤其适宜于骨质疏松、佝偻病、久病体虚、青少年、记忆力减退、腰酸腿软等人群。体内有积热者不宜单独食用。

荜茇羊头

【食药材】荜茇15克，干姜5克，羊头1个，胡椒5克，葱白50克，豆豉、食盐等调味品适量。

【膳食制法】

1. 将羊头洗净、劈开，放入锅中，加水适量，武火烧开，撇去浮沫。
2. 将羊头炖至将熟，加入荜茇、干姜、胡椒、葱白、豆豉、食盐。
3. 文火继续煨炖至骨肉脱离，即可食用。

【功效与主治】温胃止呕，健脾温阳。适用于腹痛、泄泻、咳嗽、虚劳等疾病。对久病体弱所致的心慌气短、动后汗出、面容憔悴、倦怠乏力、少气懒言等症状，以及脾胃虚寒所致的脘腹冷痛、大便溏薄和外感风寒所致的咳嗽痰多、鼻塞流涕等症状有一定疗效。现代医学研究表明，本方对慢性胃炎、慢性支气管炎等病症有一定防治作用。

【膳食服法】餐时服用。

荜茇配鲤鱼　健脾温中，行气利水

荜茇鲤鱼汤

【食药材】荜茇10克，鲤鱼1000克，香菜末、姜、葱、料酒、盐等调味品适量。

【膳食制法】

1. 将鲤鱼洗净，切成段。
2. 将葱切段，姜拍片，与荜茇、鲤鱼同入砂锅中，加水适量。
3. 置武火上烧沸，加入料酒，文火炖至鱼熟，放入香菜末、盐、葱段等调味，即可食用。

【功效与主治】健脾温中，行气利水。适用于水肿、胃痛、咳嗽等疾病。

对脾肾阳虚所致的面浮肢肿、脘腹胀闷、倦怠乏力、畏寒肢冷和脾胃虚寒所致的胃脘冷痛、食少纳呆、大便溏薄等症状，以及外感风寒所致的咳嗽痰多、鼻流清涕等症状有一定疗效。

【膳食服法】餐时服用。

荜茇配牛肉　健脾益气，益胃止痛

六味牛肉脯

【食药材】荜茇15克，胡椒6克，陈皮、草果、砂仁、高良姜各3克，牛肉2500克，生姜20克，葱50克，食盐等调味品适量。

【膳食制法】

1. 将牛肉去筋膜洗净，放入沸水中，氽至变色，捞出晾凉，切成大块，备用。

2. 将荜茇、胡椒、陈皮、砂仁、草果、高良姜洗净、烘干，研磨成粉，把生姜、葱绞汁并拌和以上药粉，加食盐调成糊状。

3. 用调好的药糊将牛肉块拌均匀后，码入坛内封口，1日后取出，放入烤炉中烤熟做脯，即可食用。

【功效与主治】健脾益胃，理气止痛。适用于胃痛、泄泻、虚劳、消渴等疾病。对脾胃虚寒所致的胃脘冷痛、大便溏薄、食少纳呆和年老体弱、久病不愈所致的心慌气短、动后汗出、神疲乏力、虚烦不眠等症状，以及饮食不节、阳气亏虚所致的口渴多饮、多食易饥、尿频量多等症状有一定疗效。现代医学研究表明，本方对肥胖症、慢性胃病有一定防治作用。

【膳食服法】餐时服用。

枳壳

【来源】芸香科植物酸橙及其栽培变种干燥的未成熟果实。

【性味归经】苦、辛、酸，温。归脾、胃经。

【功效与主治】理气行痰，散痞消积。适用于胃失和降所致的食停胃脘、腹部胀满、呃声频频等症状，以及气虚下陷所致的肛门脱出、子宫下坠等症状。现代医学研究表明，枳壳对真菌感染、变态反应、癌症也有一定疗效。

【药理成分】含挥发油、黄酮苷等物质。

【附注】脾胃虚弱者不宜单独食用。

枳壳配鸡蛋　补益脾胃，行气止痛

健脾莲花糕

【食药材】枳壳10克，党参5克，生麦芽3克，白术5克，陈皮3克，神曲3克，山楂5克，鸡蛋500克，面粉350克，白糖50克，熟猪油50克，熟芝麻2克，调味品适量。

【膳食制法】

1. 将枳壳、党参、白术、陈皮、山楂、麦芽洗净烘干，与神曲一同打成细粉末状。

2. 将鸡蛋去壳，放入碗内，加入白糖，按一个方向搅拌至鸡蛋起泡均匀，放入面粉和中药末。

3. 将莲花蛋糕模型盒洗净晾干，每个盒内抹熟猪油，倒入上述食料，放入蒸锅内旺火蒸熟。

4. 蒸熟后，趁热均匀撒上熟芝麻，取出放盘，即可食用。

【功效与主治】补益脾胃，行气止痛。适用于呕吐、痞满、泄泻等疾病。对脾胃虚弱所致的食少纳呆、嗳气反酸、大便溏薄、倦怠乏力等症状，以及脾胃升降失司所致的胸膈满闷、胃脘痞塞等症状有一定疗效。现代医学研究表明，本方对免疫力低下等病症有一定防治作用。

【膳食服法】餐时服用。

枳壳配猪肾 降气化痰，补益脾肾

润肺猪肾冻

【食药材】枳壳10克，天冬5克，紫菀3克，蜜百部6克，蜜白前6克，款冬花3克，杏仁3克，知母3克，桑叶3克，前胡3克，生甘草3克，桔梗6克，竹茹5克，猪肾2个，西红柿2个，琼脂5克，葱段10克，冰糖50克，姜块3克，调味品适量。

【膳食制法】

1. 将猪肾洗净，对半切开，切成薄片；琼脂洗净，备用。
2. 将西红柿放入开水中，去除外膜，切成薄片，放入盘中平铺。
3. 将上述中药洗净，用纱布包好，放入砂锅，加水适量，武火煮沸，文火煎煮30分钟，去渣取汁，备用。
4. 将姜、葱、猪肾片放入砂锅，加药汁，煮至猪肾片熟，取出猪肾片，平铺西红柿盘上。
5. 将药汁武火浓缩。
6. 将琼脂投入药汁，文火煎煮，放入冰糖溶化，浇淋于猪肾上。待晾凉后，放入冰箱内凝固成冻，即可食用。

【功效与主治】降气化痰，补益脾肾。适用于咳嗽、感冒、喘证等疾病。对外感风寒所致的恶寒发热、头身疼痛、鼻塞声重、咳嗽气急、喘粗短气、鼻翼煽动等症状有一定疗效。现代医学研究表明，本方对普通感冒、流行性感冒、慢性咽炎、慢性支气管炎、肺气肿等病症有一定防治作用。

【膳食服法】餐时服用。

枳壳配冬瓜　健脾和胃，行气通便

冬壳消脂瘦身汤

【食药材】枳壳10克，决明子5克，山楂5克，陈皮3克，制何首乌3克，车前子3克，炙甘草2克，冬瓜250克，盐、胡椒粉等调味品适量。

【膳食制法】

1. 将以上食药材（除冬瓜）洗净，用纱布包好。
2. 将药包放入砂锅，加水适量，武火烧开，文火煎煮30分钟，去纱布袋取汁，备用。
3. 将冬瓜去皮，切薄片，备用。
4. 将药汁加入适量水，武火烧开，加入冬瓜片，煮至冬瓜熟透，加入盐、胡椒粉等调味，即可食用。

【功效与主治】健脾消食，降脂消瘀。适用于肥胖、胃痛等疾病。对脾胃虚弱所致的食停胃脘、腹部胀满、不欲饮食、神疲乏力等症状，以及饮食失节所致的腹大膏厚、身体沉重、倦怠懒动等症状有一定疗效。现代医学研究表明，本方对体质性肥胖、代谢综合征、Ⅱ型糖尿病等病症有一定防治作用。

【膳食服法】餐时服用。

枳壳配牛肚　健脾消食，行气除满

枳壳牛肚汤

【食药材】枳壳10克，砂仁3克，牛肚250克，食盐、葱花、香菜等调味品适量。

【膳食制法】

1. 将牛肚洗净切丝，放入热水焯片刻，捞出备用。
2. 将枳壳、砂仁洗净后，用纱布分别包好。
3. 将枳壳纱布包放入砂锅，放入牛肚，加清水适量，武火烧开，文火煮至牛肚将熟。
4. 将砂仁纱布包放入砂锅，煮至牛肚熟透，加适量食盐、葱花、香菜等调味品，即可食用。

【功效与主治】健脾消食，行气除满。适用于痞满、吐酸、呕吐等疾病。对脾胃虚弱、升降失司所致的胸膈满闷、胃脘痞塞、反酸呕吐等症状有一定疗效。现代医学研究表明，本方对慢性胃炎、幽门梗阻、功能性消化不良等病症有一定防治作用。

【膳食服法】餐时服用。

枳壳配猪肉　补中益气，行气除满

枳壳蒸猪肉

【食药材】枳壳10克，党参5克，炙黄芪5克，瘦猪肉100克，姜片5克，葱段1根，料酒、盐等调味品适量。

【膳食制法】

1. 将枳壳、党参、炙黄芪洗净，烘干，打成粉末待用。
2. 将瘦猪肉洗净，切成薄片，与药末拌匀，加入料酒、姜片、葱段、盐，放入碗内。用湿绵纸封住碗口，置于笼屉内，武火烧开，文火蒸熟，取出碗后，揭去绵纸，即可食用。

【功效与主治】补中益气，行气除满。适用于呃逆、脱肛、子宫脱垂等疾病。对脾胃虚弱、胃失和降所致的食停胃脘、腹部胀满、呃声频频、反酸嘈杂等症状，以及气虚下陷所致的肛门脱出或肛门下坠感、子宫下坠、胃脘下坠等症状有一定疗效。现代医学研究表明，本方对消化不良、呕吐、子宫脱垂、胃下垂、直肠脱垂等病症有一定防治作用。

【膳食服法】餐时服用。

山楂

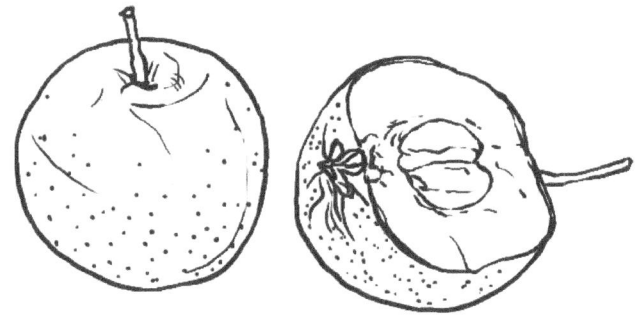

【来源】蔷薇科植物山里红或山楂的成熟果实。

【性味归经】酸、甘,微温。归脾、胃、肝经。

【功效与主治】健胃消食,行气散瘀。适用于饮食积滞、脾胃虚弱所致的脘腹胀满、嗳气吞酸、大便溏薄等症状,以及瘀血内停所致的胸痹心痛、痛经闭经、瘀阻腹痛等症状。现代医学研究表明,山楂对高血脂、高血压、心律失常、消化不良、呕吐、胃肠功能紊乱、慢性肠炎有一定疗效。

【药理成分】含有葡萄糖、果糖、淀粉及少量挥发油。

【附注】气虚无滞、阴虚血热者不宜单独食用。

山楂配粳米 消食导滞，健脾和胃

山楂粳米粥

【药食材】焦山楂20克，粳米100克，冰糖10克。

【膳食制法】

1. 将焦山楂去核打碎，放入砂锅，加水适量，武火烧开，文火煎煮30分钟，去渣取汁。

2. 将粳米洗净，放入砂锅，加山楂药汁及清水适量，武火煮沸，文火煎至粥熟。

3. 加入冰糖调味，搅拌均匀，即可食用。

【功效与主治】消食导滞，健脾和胃。适用于胃痛、泄泻等疾病。对食积胃肠所致的脘腹胀满、食少纳呆、腹痛便溏等症状有一定疗效。现代医学研究表明，本方对消化不良、呕吐、胃肠功能紊乱、慢性肠炎等病症有一定防治作用。

【膳食服法】餐时服用。

【附注】不宜空腹食用。

山楂配茼蒿 活血行气，消瘀止痛

山楂炒茼蒿

【食药材】生山楂10克，茼蒿200克，盐、黄酒等调味品适量。

【膳食制法】

1. 将山楂、茼蒿洗净，茼蒿脱水，两物切细混匀，放入炒锅内，炒至微酥，加适量食盐调味。

2. 以适量黄酒调合，即可食用。

【功效与主治】活血行气，消瘀止痛。适用于胸痹、痛经、闭经、腹痛、子痈等疾病。对气滞血瘀所致的胸闷心痛、经行腹痛、月经早闭、瘀阻腹痛、睾丸肿痛等病症有一定疗效。现代医学研究表明，本方对胃炎、冠心病、疝气等病症有一定防治作用。

【膳食服法】餐时服用。

山楂配红糖　消食和胃，行气通便

大山楂丸

【食药材】焦山楂1000克，神曲150克，麦芽150克，红糖400克，蜂蜜400克。

【膳食制法】

1. 以上三药粉碎为细末，过筛，混匀。
2. 把红糖与适量水放入锅内，用文火熬成糖液，再与蜂蜜搅拌均匀。
3. 将混合后的糖液与药粉和匀，制为大蜜丸，即可食用。

【功效与主治】消食开胃，益气健脾。适用于胃痛、便秘等疾病。对饮食积滞所致的食少纳呆、嗳气反酸、脘腹胀痛等症状，以及饮食不节所致的大便干结、排便困难等症状有一定疗效。现代医学研究表明，本方对消化不良、厌食等病症有一定防治作用。

【膳食服法】餐时服用。

【附注】大便溏薄者慎用。

山楂配猪肉　消食和胃，健脾益气

山楂猪肉干

【食药材】焦山楂400克，猪瘦肉1000克，菜油250克，香油、花椒、姜、葱、料酒、白糖适量。

【膳食制法】

1. 将山楂洗净，一半山楂放入砂锅，加水适量，武火烧沸后放入猪肉，煮至猪肉六成熟。

2. 将猪肉捞出，切成粗条，用香油、姜、葱、料酒、花椒拌匀，1小时后沥去水液。

3. 锅中倒入菜油，文火使油温至八成热，放入肉条，炸干水分，至色微黄，漏勺捞起，沥油。

4. 锅中菜油烧热，加入余下山楂，略炸，放入肉干翻炒，起锅后拌入香油、白糖、葱末，即可食用。

【功效与主治】消食和胃，健脾益气。适用于食积、虚劳等疾病。对脾胃虚弱所致的嗳气反酸、不思饮食、脘腹胀闷、周身乏力、倦怠懒言等症状有一定疗效。现代医学研究表明，本方对消化不良、厌食、营养不良等病症有一定防治作用。

【膳食服法】餐时服用。

山楂配芹菜　清热平肝，息风止眩

山楂西芹平肝茶

【食药材】生山楂10克，罗布麻3克，五味子5克，西芹500克，调味品适量。

【膳食制法】

1. 将芹菜榨汁。
2. 将山楂、罗布麻、五味子放入杯中，开水冲泡20分钟，过滤去渣留汁。
3. 与芹菜汁混合煮开，即可饮用。

【功效与主治】清热平肝，息风止眩。适用于眩晕、不寐等疾病。对肝阳上亢所致的头痛头晕、目眩头胀、视物旋转、腰膝酸软等症状，以及肝火扰心所致的急躁易怒、眠差多梦、目赤耳鸣等症状有一定疗效。现代医学研究表明，本方对高血压、血脂异常症、失眠等病症有一定防治作用。

【膳食服法】代茶饮。

【医学分析】膳食中罗布麻甘、苦，微寒，清热平肝，息风安神；山楂健胃消食，行气散瘀；五味子滋补肾阴；芹菜清胃泄热，祛风通便。四味相配共奏滋补肝肾、和胃消食之效。故服用本品对阴虚肝旺所致眩晕、不寐等疾病有一定疗效。现代医学研究表明，本茶对高血压、血脂异常等症有一定的预防作用。

山楂配木耳　益气补虚，化痰消食

山楂木耳粳米粥

【食药材】焦山楂10克，木耳5克，粳米100克。

【膳食制法】

1. 将木耳洗净，温水浸泡发透，捞出切成碎末。将焦山楂洗净备用。
2. 将粳米洗净，放入砂锅，加清水适量，武火烧开，加入焦山楂、木耳，文火煮至粥熟，即可食用。

【功效与主治】益气补虚，化痰消食。适用于食积、泄泻等疾病。对胃肠饮食停滞所致的脘腹胀满、食少纳呆、大便溏薄等症状有一定疗效。现代医学研究表明，本方对消化不良、慢性肠炎、血脂异常症、动脉硬化等病症有一定防治作用。

【膳食服法】餐时服用。

山楂配黄茶　活血行气，健脾化痰

山荷茶

【食药材】山楂10克，荷叶3克，黄茶6克。

【膳食制法】

1. 山楂、荷叶洗净，加水500毫升，文火煎煮30分钟。
2. 去渣取汁，趁热冲泡黄茶，即可饮用。

【功效与主治】活血化瘀，健脾化痰。适用于胸痹、痰饮、经行腹痛等疾病。对瘀血内停所致的胸闷不舒、经期疼痛、提前绝经、瘀阻腹痛等症状，以及饮食不当所致的胃部痞闷、泛吐痰涎、渴不欲饮、肠鸣腹胀等症状有一定疗效。

【膳食服法】代茶饮。

【附注】消食用焦山楂，活血用生山楂。

【医学分析】膳食中山楂酸、甘，微温，功善活血化瘀、消积导滞。荷叶苦、辛，微涩，清热解暑，凉血止血。黄茶生津止渴，固护脾胃。三味合用共奏活血化瘀、健脾化痰之效。故服用本品对瘀血内停所致的胸痹、痰饮等症状有一定疗效。现代医学研究表明，山楂对血脂异常症、动脉硬化、冠心病等疾病有一定的预防作用。荷叶中所含荷叶甙可直接扩张血管，引起血压适度下降，对高血压等疾病有一定的预防作用。

山楂配白酒　活血化瘀，温通经络

山楂酒

【食药材】生山楂50克，白酒1000毫升。

【膳食制法】

1. 将生山楂去核洗净，沥干备用。
2. 放入白酒内，浸泡7天，每日摇晃1次，即可饮用。

【功效与主治】活血化瘀，温经通络。适用于痛经、胸痹等疾病。对寒凝气滞所致的心胸疼痛、手足不温、时欲太息、经行小腹痛甚或痛连腰骶等症状有一定疗效。现代医学研究表明，本方对冠心病、动脉硬化、痛经等病症有一定防治作用。

【膳食服法】适量饮用。

【医学分析】膳食中山楂酸、甘，微温，善入血分，功善活血化瘀、通经止痛；白酒甘、辛，大热，最能温散寒邪。二者配伍共奏活血化瘀、温经通络之效。故服用本品对寒凝血瘀所致诸症均有一定疗效。

山楂配兔肉　健脾益气，消食和胃

山楂兔肉锅

【食药材】焦山楂20克，兔肉500克，姜10克，葱10克，料酒10克，食盐、白糖等调味品适量。

【膳食制法】

1. 将兔肉洗净切块，山楂洗净，同兔肉共放入砂锅，加水适量。
2. 将砂锅武火烧开，文火煎煮至兔肉将熟，加入食盐、姜、葱、料酒、糖调味，煮至肉熟，即可食用。

【功效与主治】健脾益气，消食和胃。适用于食积证、虚劳、便秘等疾病。对脾胃虚弱所致的食少纳差、脘腹胀满、倦怠乏力等症状，以及体弱久病所致的心悸气短、动后汗出、神疲乏力、虚烦不眠、排便不畅等症状有一定疗效。现代医学研究表明，本方对营养不良、慢性消耗性疾病等病症有一定防治作用。

【膳食服法】餐时服用。

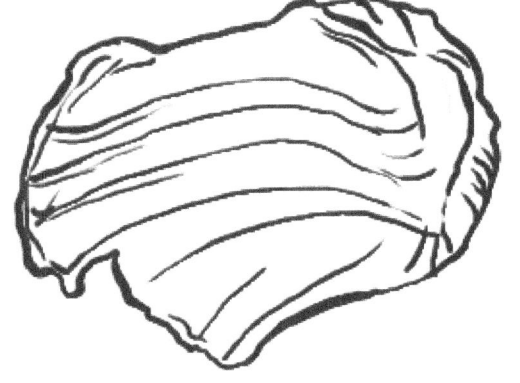

【来源】雉科动物家鸡干燥的沙囊内壁。

【性味归经】甘，平。归脾、胃、小肠、膀胱经。

【功效与主治】健脾消食，涩精止遗，通淋消石。适用于食积不化、脾胃虚弱所致的反胃呕吐、食少泄泻、脘腹胀满、肠鸣不舒、神疲乏力等症状，以及肾虚不固所致的遗精滑精、尿频遗尿和湿热蕴结所致的胁肋胀痛、尿频尿痛、腰部胀痛等症状。现代医学研究表明，鸡内金有促进放射性物质排泄、促进胃肠蠕动、抑制肿瘤细胞生长的疗效。

【药理成分】含有胃激素、角蛋白、淀粉酶、氨基酸、多种维生素及钙、铬、钴、铜、锰、铅、锌等微量元素。

【附注】脾虚无积者不宜单独食用。

鸡内金配粳米　健脾益气，和胃消食

鸡内金粥

【食药材】鸡内金6克，粳米100克。

【膳食制法】

1. 将鸡内金洗净烘干，研成细粉，备用。
2. 将粳米洗净，放入砂锅，加清水适量，武火烧开，兑入药粉，文火煮至粥熟，即可食用。

【功效与主治】健脾益气，和胃消食。适用于胃痛、食积、泄泻等疾病。对脾虚伤食所致的脘腹疼痛、肠鸣频频、嗳腐吞酸、泛吐清水、食少纳呆、便多质稀等症状有一定疗效。现代医学研究表明，本方对慢性肠炎、消化不良、胃炎等病症有一定防治作用。

【膳食服法】餐时服用。

【医学分析】膳食中鸡内金性平味甘，归脾、胃、小肠、膀胱经。凡动物齿弱者其胃必强，鸡内金取鸡胃健脾和胃之强，善健脾消食磨积。《医学衷中参西录》曰："鸡内金不但能消脾胃之积，无论脏腑何处有积，鸡内金皆能消之。" 粳米功能补中益气而暖胃。二味相配共奏健脾益气、和胃消食之效。故此粥对脾胃素虚、饮食不节、食滞胃脘所致的胃脘疼痛性疾病有一定疗效。现代药理学研究证明，鸡内金可使胃酸分泌量、浓度及消化力增大增强，有加速胃的排空作用。

鸡内金配猪肚　消食导滞，健脾和胃

内金猪肚条

【食药材】鸡内金粉15克，熟猪肚200克，豆油10克，青椒丝5克，火腿片5克，白胡椒粉3克，食盐、黄酒、白糖、酱油、淀粉、香油、葱、姜、蒜末等调味品适量。

【膳食制法】

1. 将熟猪肚洗净、水焯，捞出切成条状，整齐布于盘中。

2. 将炒锅置文火上，锅热加油，下葱、姜、蒜末煸香，放入黄酒、酱油、火腿、食盐、白糖、青椒、鸡内金粉，炒匀。

3. 将肚条整齐推入锅内，开锅后放入白胡椒粉、水淀粉，淋入香油，整齐入盘，即可食用。

【功效与主治】消食导滞，健脾和胃。适用于呕吐、虚劳等疾病。对久病体弱、脾胃失健所致的身体消瘦、神疲倦怠、少气懒言、动后汗出、食少纳差、嗳腐吞酸、呕吐恶心、心烦不宁等症状有一定疗效。现代医学研究表明，本方对消化不良、厌食、消耗性疾病等病症有一定防治作用。

【膳食服法】餐时服用。

鸡内金配鳝鱼　消食导滞，健脾益气

鸡内金蒸鳝鱼

【食药材】鸡内金10克，黄鳝1条，姜、葱、酱油、料酒、食盐等调味品适量。

【膳食制法】

1. 将鳝鱼洗净，切成2厘米段，过水焯；鸡内金打粉，备用。
2. 将鳝鱼和鸡内金粉放入蒸盆内，加适量姜、葱、料酒、酱油、食盐等调料，置笼内蒸熟，即可食用。

【功效与主治】消食导滞，健脾益气。适用于食积、虚劳等疾病。对脾虚伤食所致的脘腹疼痛、肠鸣频频、嗳腐吞酸、泛吐清水、食少纳呆、便多质稀、倦怠懒言、气短声低等症状有一定疗效。现代医学研究表明，本方对慢性肠炎、消化不良、胃炎等病症有一定防治作用。

【膳食服法】餐时服用。

【附注】本方尤适用于小儿食积久滞者。

鸡内金配菠菜 清热利湿，润肠通便

【食材介绍——菠菜】

菠菜，又名赤根菜，属藜科植物。菠菜含有蛋白质、碳水化合物、胡萝卜素、核黄素、抗坏血酸、草酸、粗纤维、钙、磷、铁、氟等多种成分。中医认为，菠菜味甘，性凉，归肝、胃、大肠、小肠经，具有养血、止血、平肝、润燥的功效。现代医学研究表明，菠菜富含植物粗纤维，可以促进肠道蠕动，有助于排便，并且菠菜还能促进胰腺分泌以促消化。菠菜中含有的胡萝卜素可以转化为维生素A，有助于眼部发育和维护视力，防治干眼症与夜盲症。菠菜中含有能调节血糖的成分，常食菠菜能保持血糖平稳。菠菜中含有丰富的抗氧化剂，可以抗衰老，增强身体活力。此外，用菠菜汁洗脸具有清洁皮肤毛孔、祛皱消斑的功效。菠菜含有的大量微量元素可加快人体新陈代谢速度，增进身体健康，提高免疫力。一般人均可食用菠菜，尤其适宜于便秘、夜盲症、老人、面部雀斑、糖尿病等人群。

内金菠菜粥

【食药材】鸡内金10克，鲜菠菜250克，粳米100克，食盐等调味品适量。

【膳食制法】

1. 将鲜菠菜洗净，过水焯，切碎；鸡内金打粉，备用。
2. 将粳米洗净，放入砂锅，加清水适量，武火烧开，加入鸡内金粉，煮至粥将熟，加入菠菜搅匀，加食盐适量，继续煮烂成粥，即可食用。

【功效与主治】清热利湿，润肠通便。适用于胁痛、淋证、便秘等疾病。对湿热蕴结所致的胁肋胀痛、尿频尿痛、尿黄或赤、腰部胀痛、大便干结、口干口臭、心烦面赤等症状有一定疗效。现代医学研究表明，本方对泌尿系统结石、尿路感染、便秘等病症有一定防治作用。

【膳食服法】餐时服用。

生麦芽

【来源】禾本科植物大麦的成熟果实经发芽干燥而得。

【性味归经】甘,平。归脾、胃、肝经。

【功效与主治】开胃消食,疏肝解郁,回乳消胀。适用于食积胃脘所致的腹满胃胀、不思饮食、口臭反酸等症状,以及肝胃不和所致的胁肋胀痛、胃脘疼痛、喜善叹息和乳汁郁积所致的乳房胀痛、妇女断乳等症状。现代医学研究表明,生麦芽有助于消化、降血糖、抑制催乳素释放的疗效。

【药理成分】含有淀粉酶、转化糖酶、维生素B、维生素D、维生素E、脂肪、磷脂、糊精、麦芽糖、葡萄糖等。

【附注】哺乳期妇女不宜食用。

麦芽配空心菜　疏肝理气，健脾和胃

【食材介绍——空心菜】

空心菜，又名雍菜，为旋花科植物。空心菜含有蛋白质、烟酸、维生素C、胡萝卜素、酚类、谷氨酰胺、叶黄素、铜、铁、锌等多种成分。中医认为，空心菜味甘，性寒，归肠、胃经，具有凉血止血、清热利湿的功效。现代医学研究表明，空心菜所含烟酸、维生素C等物质能降血脂，可以起到降脂、减肥的作用。空心菜中的叶绿素可洁齿防龋除口臭。空心菜富含促进肠道蠕动的纤维素，可以通便及防肠癌。空心菜含有丰富的维生素和矿物质，常食空心菜有助于增强体质，提高免疫力。紫色空心菜中含降血糖成分，故空心菜是糖尿病患者的优良蔬菜。一般人均可食用空心菜，尤其适宜于便血、血尿、糖尿病、血脂异常症、口臭等人群。腹泻者不宜单独食用。

麦芽青空饮

【食药材】生麦芽30克，青皮5克，空心菜250克，食盐等调味品适量。

【膳食制法】

1. 将生麦芽洗净，青皮洗净，用纱布包好。

2. 将纱布包放入砂锅，加清水适量，武火烧开，文火煎煮30分钟，去渣取汁，备用。

3. 将空心菜切段，放入砂锅，加入药汁、适量清水，武火烧开，文火煮熟，加入食盐调味，即可食用。

【功效与主治】疏肝解郁，理气和胃。适用于胁痛、胃痛、呃逆等疾病。对肝气郁结、肝胃不和所致的两胁作痛、纳食不香、胃脘疼痛、反酸呃逆、喜善叹息等症状有一定疗效。现代医学研究表明，本方对肋间神经痛、慢性胆囊炎、慢性胃炎等病症有一定防治作用。

【膳食服法】餐时服用。

麦芽配红糖 消食和胃，温补脾气

麦芽山楂红糖饮

【食药材】生麦芽10克，焦山楂5克，红糖10克。

【膳食制法】

1. 将麦芽、山楂洗净，用纱布包好。

2. 将纱布包放入砂锅，加清水适量，武火烧开，文火煎煮30分钟，去渣取汁。

3. 将药汁兑入红糖，搅拌均匀，即可饮用。

【功效与主治】消食和胃，温补脾气。适用于食积症。对食积胃脘所致的腹满胃胀、不欲饮食、睡卧不宁、口臭反酸等症状，以及脾胃虚弱所致的脘腹胀满、大便溏薄、倦怠懒言等症状有一定疗效。现代医学研究表明，本方对厌食、慢性胃炎、血脂异常症等病症有一定防治作用。

【膳食服法】餐时服用。

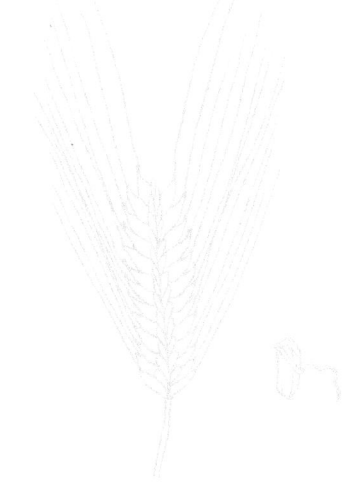

麦芽配雪梨 消积开胃，润肺止咳

麦芽山楂雪梨饮

【食药材】炒麦芽10克，焦山楂6克，陈皮3克，雪梨250克，白糖适量。

【膳食制法】

1. 将焦山楂、炒麦芽用纱布包好，放砂锅内，加水适量。陈皮洗净，纱布包好，备用。
2. 砂锅武火烧开，文火煎煮20分钟，放入陈皮纱布包，去渣留汁，备用。
3. 将雪梨榨汁，备用。
3. 将药汁与梨汁混合，武火烧开，加白糖适量调味，即可饮用。

【功效与主治】消积开胃，润肺止咳。适用于食积证、痞满、咳嗽等疾病。对脾胃虚损、食积停滞所致的面黄肌瘦或苍白虚胖、不欲饮食、脘腹胀闷、头晕乏力等症状，以及津伤肺燥所致的痰少黏白（或痰中带血、干咳无痰）、口燥咽干等症状有一定疗效。现代医学研究表明，本方对厌食、慢性胃炎、血脂异常症、慢性支气管炎、咽炎、支气管扩张等病症有一定防治作用。

【膳食服法】餐时服用。

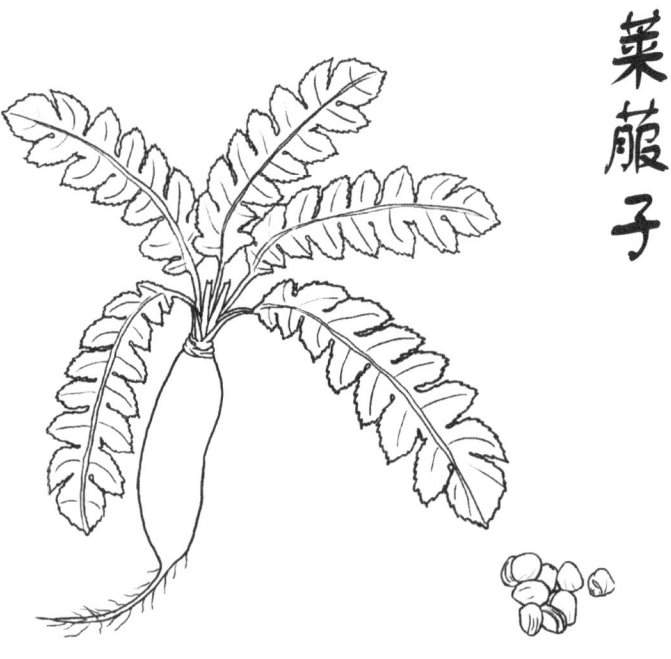

莱菔子

【来源】十字花科植物萝卜成熟的种子。

【性味归经】辛、甘，平。归肺、脾、胃经。

【功效与主治】下气定喘，消食化痰。适用于食积胃脘所致的脘腹胀满、嗳气吞酸、不思饮食等症状，以及痰湿蕴肺所致的咳嗽痰喘、胸闷食少、痰涎壅盛等症状。现代医学研究表明，莱菔子有解毒、降压、抗病原微生物的疗效。

【药理成分】含芥子碱、脂肪油等。脂肪油中含大量的芥酸及亚油酸、亚麻酸，还含有菜子甾醇和莱菔素。

【附注】人参、莱菔子不能同用。

莱菔子配白蘑菇 消积导滞，行气和胃

【食材介绍——白蘑菇】

白蘑菇，又名口蘑，为口蘑科真菌香杏口蘑和蒙古口蘑的子实体。白蘑菇含有蛋白质、维生素D、尼克酸、抗坏血酸、膳食纤维、硒、钾、钙、铁、磷等多种成分。中医认为，白蘑菇味甘，性平，归肺、脾、胃经，具有健脾补虚、宣肺止咳、透疹的功效。现代医学研究表明，白蘑菇含有大量的维生素D，有助于骨骼发育，预防骨质疏松症。白蘑菇中含有具有抗癌作用的硒，能明显抑制癌前病变，在一定程度上，越早补硒越能降低癌症发病率，并且能被人体良好吸收，常食白蘑菇有助于防癌抗癌。白蘑菇富含膳食纤维，具有促进胃肠蠕动、通便排毒的作用。白蘑菇可降血清和肝脏中的胆固醇，起到保护肝脏的作用，它含有的抗病毒成分还对病毒性肝炎有一定疗效。白蘑菇只含极低量的脂肪，无胆固醇，含有人体所必需的8种氨基酸、尼克酸、抗坏血酸、维生素和矿物质以及抗氧化剂，多食白蘑菇可以提高机体免疫力。又因其热量少、营养多，极其适合减肥的人群食用。一般人均可食用白蘑菇，尤其适宜于肥胖、便秘、骨质疏松、儿童、青少年、老人、肝病等人群。

莱菔白蘑菇粥

【食药材】炒莱菔子10克，白蘑菇30克，粳米100克，盐等调味品适量。

【膳食制法】

1. 将白蘑菇洗净，切薄片，过水焯，备用。

2. 将炒莱菔子捣碎，用纱布包好，放入砂锅，加清水适量，武火烧开，文火煎煮30分钟，去渣取汁，备用。

3. 将粳米洗净，放入砂锅，加药汁及清水适量，武火烧开，加入白蘑菇片，煮至粥熟，加入食盐调味，即可食用。

【功效与主治】消积导滞，行气和胃。适用于食积证、呕吐、泄泻等疾病。对脾虚食滞、胃失和降所致的脘腹胀满、肠鸣泄泻、神疲倦怠、恶心纳呆、嘈杂反酸等症状有一定疗效。现代医学研究表明，本方对慢性肠炎、食源性呕吐、神经性呕吐、幽门梗阻等病症有一定防治作用。

【膳食服法】餐时服用。

【医学分析】膳食中莱菔子即为萝卜子，功善消食导滞、行气除胀；粳米健脾益胃；白蘑菇有健脾补虚功能。三味相配共奏消积导滞、行气和胃之效。"饮食自倍，肠胃乃伤"，暴饮暴食之后，常见胃脘胀痛、呕恶骤作，吐出大量不消化的食物，气味腐臭，可引起嗳气厌食。故食用本粥对脾虚食滞所致的呕吐、泄泻等疾病有一定疗效。

莱菔子配绿豆　消食和胃，清热解毒

莱菔绿豆饮

【食药材】莱菔子10克，绿豆50克，冰糖等调味品适量。

【膳食制法】

1. 将绿豆磨细粉备用。

2. 将莱菔子捣碎，用纱布包好，放入砂锅，加清水适量，武火烧开，文火煎煮30分钟，去渣取汁，备用。

3. 将药汁加入绿豆粉，煎煮绿豆粉至熟，加入冰糖，搅拌溶化，即可饮用。

【功效与主治】消食和胃，清热解毒。适用于食积证、呃逆、呕吐等疾病。对食滞胃肠所致的脘腹胀满、时有打嗝、恶心反酸、呕吐痰涎、食少纳呆，身倦肢重等症状有一定疗效。现代医学研究表明，本方对反流性胃炎、呕吐等病症有一定防治作用。

【膳食服法】餐时服用。

莱菔子配白糖　消食导滞，行气止痛

莱菔槟榔陈皮饮

【食药材】炒莱菔子5克，槟榔3克，陈皮3克，白糖20克。

【膳食制法】

1. 将陈皮洗净，纱布包好，备用。槟榔洗净，与莱菔子（捣碎）一并放进纱布包好，放入砂锅。

2. 砂锅加清水适量，武火烧开，文火煎煮20分钟，放入陈皮纱布包，再煮10分钟，去渣取汁，备用。

3. 将药汁烧开，兑入白糖，即可饮用。

【功效与主治】消食导滞，驱虫杀虫。适用于食积证、虫积证。对食积胃脘所致的腹满胃胀、不思饮食、口臭反酸等症状，以及饮食不洁、误入虫卵所致的脐腹疼痛、形体消瘦、睡卧不安、肛门作痒等症状有一定疗效。现代医学研究表明，本方对营养不良、胃炎、蛔虫病等病症有一定防治作用。

【膳食服法】餐时服用。

山药

【来源】薯蓣科植物薯蓣干燥的根茎。

【性味归经】甘，平。归脾、肺、肾经。

【功效与主治】健脾益肺，补肾固精。适用于脾胃虚弱所致的食少纳呆、体倦乏力、少气懒言、大便溏薄等症状，以及肺气不足所致的咳嗽气短、喘促无力、痰质清稀和肾虚不固所致的遗精滑精、尿频量多、带下清稀等症状。现代医学研究表明，山药有降血糖、提高机体对缺氧的耐受性、促进胃肠运动疗效。

【药理成分】含有淀粉、糖蛋白、维生素C、脂肪、糖类、氨基酸、淀粉酶、碘、钙、磷等。

【附注】麸炒可增强健脾止泻的作用。

山药配白糖　补益脾气，温中补虚

淮药芝麻角

【食药材】鲜淮山药250克，熟黑芝麻10克，白糖50克。

【膳食制法】

1. 将淮山药洗净，削皮，切成菱角块。

2. 将山药入热油锅，翻炸至外硬中软、山药浮出油面，捞出备用。

3. 将锅内放油，文火烧热，放入白糖，加水适量，炼至黄色糖汁，放入山药块，翻炒至糖浆裹满山药，撒上黑芝麻，搅匀装盘，即可食用。

【功效与主治】补益脾肾，温中补虚。适用于虚劳、泄泻、腹痛等疾病。对脾阳虚损所致的腹痛绵绵、喜温喜按、神疲乏力、大便溏薄、气短懒言、面色萎黄等症状有一定疗效。现代医学研究表明，本方对慢性肠炎、慢性消耗性疾病、肠易激综合征等病症有一定防治作用。

【膳食服法】餐时服用。

淮药芡实肉丸

【食药材】淮山药粉60克，芡实粉100克，熟黑芝麻50克，肥膘肉400克，花生油100克，白糖250克，鸡蛋3个，调味品适量。

【膳食制法】

1. 将肥膘肉煮熟，放入凉水浸泡，放在盘内备用。

2. 将鸡蛋清、黄打开分放。将蛋清与芡实粉、淮山药粉调匀，加蛋黄调至糊状备用。

3. 将肥膘肉切成方丁，放入沸水内汆透，捞出散开，放置肉凉，蛋糊调匀，备用。

4. 将花生油入锅烧开，将肉丁糊连续放入油锅，炸成金黄色肉丸，捞出沥油，备用。

5. 另起一锅，注入清水适量，放入白糖，文火炒糖至金黄色，放入炸好的肉丸。

6. 将锅离火，铲动肉丸，撒入黑芝麻，令芝麻拌匀，即可食用。

【功效与主治】补益脾胃，益肾固精。适用于遗精、带下等疾病。对脾失健运所致的食少纳呆、倦怠乏力、肠鸣腹泻等症状，以及肾虚不固所致的遗精滑精、尿频量多、带下量多等症状有一定疗效。现代医学研究表明，本方对遗精、阳痿、月经过少、月经后期、慢性肠炎等病症有一定防治作用。

【膳食服法】餐时服用。

山药配猪脑　益智强脑，健脾益气

山药枸杞炖猪脑

【食药材】淮山药30克，枸杞子10克，猪脑1具，生姜、葱、食盐等调味品适量。

【膳食制法】

1. 将猪脑、淮山药、枸杞子洗净，同放入砂锅中，加入葱、姜、清水适量。
2. 将砂锅用武火煮沸，文火煮至猪脑熟，再加入食盐、葱花调味，即可食用。

【功效与主治】益智强脑，健脾益气。适用于眩晕、头痛、不寐、痴呆等疾病。对脾肾不足所致的头昏目眩、腰膝酸软、记忆力减退、倦怠懒言、心慌易惊、头晕耳鸣、滑精带下等症状有一定疗效。现代医学研究表明，本方对失眠、记忆力低下等病症也有一定防治作用。

【膳食服法】餐时服用。

山药配羊肉　健脾益气，温补肾阳

【食材介绍——羊肉】

羊肉，为牛科动物山羊或绵羊的肉，是我国常见肉食品之一。羊肉含有蛋白质、脂肪、维生素A、维生素B、左旋肉碱、钙、磷、铁等多种成分。中医认为，羊肉味甘，性温，归脾、胃、肾经，具有温中健脾、补肾壮阳、益气养血的功效。现代医学研究表明，羊肉细嫩，富含蛋白质和维生素，且易被消化，多吃羊肉能提高身体抗病能力。食用羊肉既可以促进血液循环，还能增加消化酶分泌以促消化，可以为人体提供充足热量，特别适合冬天食用。羊肉脂肪含量相对猪肉较少，并且羊肉含左旋肉碱，可促进脂肪代谢，与猪肉相比更适合血脂异常者食用。一般人均可食用羊肉，尤其适宜于体虚、久病大病恢复期、青少年、减肥者等人群。发热者、腹泻者和体内有积热者不宜单独食用。

山药羊肉汤

【食药材】鲜淮山药300克，羊肉500克，生姜15克，葱白30克，胡椒、食盐、料酒等调味品适量。

【膳食制法】

1. 将羊肉剔去筋膜，洗净后放入沸水，氽去血水，切成小块。生姜切片，葱白切段，备用。

2. 将淮山药洗净，去皮，切成方块，同羊肉放入砂锅，加清水适量，放入姜、葱、胡椒、料酒。

3. 用武火烧沸，文火炖至肉烂，加食盐调味，即可食用。

【功效与主治】健脾益气，温补肾阳。适用于虚劳、带下病、泄泻、月经过少等疾病。对脾肾阳虚所致的脘腹冷痛、便多质稀、畏寒怕冷、腰膝酸软、形体消瘦、食少倦怠、月经量少、带下量多、色淡质稀等症状有一定疗效。现代医学研究表明，本方对子宫发育不良、营养不良、慢性胃肠炎等病症有一定防治作用。

【膳食服法】餐时服用。

山药羊肉粥

【食药材】鲜淮山药100克，羊肉25克，糯米100克，食盐等调味品适量。

【膳食制法】

1. 将山药洗净，去皮切块，备用。

2. 将羊肉洗净，过水焯，切成细丝。

3. 将糯米洗净，放入砂锅，加水适量，武火烧开，加入山药、羊肉丝，文火煮至粥熟，加入食盐调味，即可食用。

【功效与主治】健脾温肾，培本固元。适用于泄泻、虚劳、遗精等疾病。对脾肾阳亏所致的腹痛肠鸣、不思饮食、下利清谷、性功能减退、腰酸腿软、手足不温等症状有一定疗效。现代医学研究表明，本方对慢性肠炎、阳痿、早泄、遗精、滑精等病症有一定防治作用。

【膳食服法】餐时服用。

【附注】发热者忌用。

山药配面粉　健脾益气，温中止泻

山药茯苓红糖包

【食药材】山药粉120克，茯苓粉90克，面粉500克，红糖20克，猪油及老面引子（或酵母）适量，调味品适量。

【膳食制法】

1. 将山药粉、茯苓粉、面粉拌匀，加水适量和面，加适量老面引子（或酵母），揉匀成面团，发面备用。
2. 将红糖与猪油调匀成馅，用面团制成糖包。
3. 上笼屉武火蒸熟，即可食用。

【功效与主治】健脾止泻，温补肾阳。适用于虚劳、遗精、便秘、腰痛等疾病。对脾虚湿盛所致的倦怠乏力、呕吐痰涎、身体困重、便多质稀等症状，以及肾阳不足所致的腰膝酸软、遗精尿浊、尿多质清等症状有一定疗效。现代医学研究表明，本方对慢性肠炎、遗精、滑精等病症有一定防治作用。

【膳食服法】餐时服用。

【附注】糖尿病患者宜将红糖改成食盐适量。

山药配小米　健脾消食，和胃止痛

山药小米粥

【食药材】淮山药45克，小米50克，白糖适量。

【膳食制法】

1. 将山药洗净去皮，切片。

2. 将小米洗净，同山药放入砂锅，加水适量，武火烧开，文火煎煮至粥熟。

3. 加适量白糖调味，即可食用。

【功效与主治】补脾益气，和胃止痛。适用于食积、胃痛等疾病。对脾胃虚弱所致的倦怠乏力、食少纳差、嗳腐吞酸、脘腹满闷、胃脘胀痛、食入即吐等症状有一定疗效。现代医学研究表明，本方对慢性胃炎、呕吐、营养不良等病症也有一定防治作用。

【膳食服法】餐时食用。

【附注】糖尿病患者不宜用白糖。

山药百叶粥

【食药材】淮山药30克，炒薏苡仁10克，牛百叶10克，莲肉5克，大枣10枚，小米60克，白糖适量。

【膳食制法】

1. 将以上各食药材洗净备用。牛百叶洗净，过水焯，切细丝。

2. 将食药材（除牛百叶）放入砂锅，武火烧开，文火煎煮至莲肉熟烂，加入牛百叶丝，煮至沸腾，焖2分钟。

3. 加适量白糖调味，即可食用。

【功效与主治】健脾和胃，宁心安神。适用于泄泻、心悸等疾病。对脾胃虚弱所致的食少纳呆、腹胀便溏、脘腹胀满、肢体无力、睡眠不佳、头晕目眩、心慌气短等症状有一定疗效。现代医学研究表明，本方对慢性肠炎、神经官能症、营养不良等病症有一定防治作用。

【膳食服法】餐时服用。

【附注】糖尿病患者宜将白糖改成食盐适量。

山药配韭菜　健脾益气，补肾壮阳

神仙粳米粥

【食药材】淮山药30克，芡实10克，韭菜30克，粳米100克，调味品适量。

【膳食制法】

1. 将韭菜洗净，切成碎末；芡实、山药洗净，备用。

2. 将粳米洗净，同芡实、山药放入砂锅，加水适量，武火烧开，文火煮至粥熟，加入韭菜碎末，即可食用。

【功效与主治】健脾益气，温补肾阳。适用于泄泻、虚劳等疾病。对脾肾阳虚所致的气短乏力、羸瘦肢倦、精神萎靡、久泄不止、畏寒肢冷、面容憔悴、腰背酸痛等症状有一定疗效。现代医学研究表明，本方对慢性肠炎、营养不良、免疫力低下等病症有一定防治作用。

【膳食服法】餐时服用。

山药配鸡腿蘑　健脾益气，渗湿止泻

【食材介绍——鸡腿蘑】

鸡腿蘑，又名毛头鬼伞，是伞菌科真菌毛鬼伞的子实体，其形如鸡腿，味似鸡肉。鸡腿蘑含有蛋白质、脂肪、碳水化合物、维生素A、维生素B、膳食纤维、钾、钙、镁、铁等多种成分。中医认为，鸡腿蘑味甘，性平，具有益胃、清神、消痔的功效。现代医学研究表明，鸡腿蘑含有丰富的膳食纤维，具有促进胃肠蠕动、通便排毒的作用。鸡腿蘑含有多种具有调节功能的维生素和矿物质，可参与体内糖代谢，具有降血糖的作用，并能调节血脂。鸡腿蘑含多种氨基酸和维生素，有促进新陈代谢、镇静安神的功效。一般人均可食用，尤其适用于糖尿病、血脂异常症、食欲不振、痔疮患者等人群。痛风患者不宜单独食用。

山药鸡腿蘑汤

【食药材】生淮山药30克，车前子5克，鸡腿蘑50克，盐等调味品适量。

【膳食制法】

1. 将山药、鸡腿蘑洗净切成薄片，车前子用纱布包好。
2. 将上三味放入砂锅，加清水适量，武火烧开，文火煎煮30分钟，除去药包，煮鸡腿蘑至熟，加盐调味，即可食用。

【功效与主治】健脾止泻，利水渗湿。适用于泄泻等疾病。对脾肾虚弱所致的大便滑泻、畏寒蜷卧、腰酸腿软、小便清长等症状有一定疗效。现代医学研究表明，本方对慢性肠炎、营养不良、免疫力低下等病症有一定防治作用。

【膳食服法】餐时服用。

山药配猴头菇　益气健脾，和胃止痛

【食材介绍——猴头菇】

猴头菇，为齿菌科真菌猴头菌、珊瑚状猴头菌的子实体。因其鲜嫩可口，被称为"素中荤"。猴头菇含有碳水化合物、纤维素、氨基酸、多糖体、不饱和脂肪酸、维生素C、维生素E、核黄素、硫胺素、钠、磷、钙、钾等多种成分。中医认为，猴头菇味甘，性平，归脾、胃经，具有健脾养胃、安神、抗癌的作用。现代医学研究表明，猴头菇含不饱和脂肪酸，能降胆固醇和血粘稠度，改善血液循环。猴头菇还含有大量的多糖体、多肽类等物质，可抑制肿瘤细胞生成，从而防治肿瘤。猴头菇中的氨基酸、多糖体等成分还能助消化，防衰老，提高免疫力。猴头菇是一种高蛋白、低脂肪且含有大量矿物质和维生素的优良食材，常食有助于人体生长发育，增强抗病能力。一般人均可食用猴头菇，尤其适用于慢性胃炎、久病体虚、营养不良、神经衰弱、失眠、血脂异常、动脉硬化、食道癌、胃癌等人群。

山药猴头菇汤

【药食材】生淮山药30克，砂仁3克，干猴头菇15克，白糖等调味品适量。

【膳食制法】

1. 将砂仁洗净，用纱布包好；山药、猴头菇洗净、发泡好、切片，备用。

2. 将砂仁纱布包放入砂锅，加水适量，武火煮沸，文火煎煮10分钟，去渣取汁，备用。

3. 将山药、猴头菇放入砂锅内，武火烧开，文火煎20分钟，加入药汁，继续煎煮5分钟。

4. 将白糖加入砂锅，搅拌均匀，即可饮用。

【功效与主治】健脾化痰，益气和胃。适用于痞满、呕吐、呃逆等疾病。对脾胃虚弱所致的时有打嗝、呕吐频作、脘腹胀满、食少纳呆、倦怠懒言等症状有一定疗效。现代医学研究表明，本方对慢性肠炎、胃肠神经官能症、营养不良、免疫力低下等病症有一定防治作用。

【膳食服法】餐时服用。

山药配粳米　健脾益气，温中补虚

山药红枣粥

【食药材】鲜淮山药50克，大枣20克，粳米100克，白糖适量。

【膳食制法】

1. 将以上食材洗净备用。山药去皮，洗净切块。

2. 在砂锅中加清水适量，放入粳米及山药、大枣、白糖，煮至粥熟，即可食用。

【功效与主治】补脾益气，养血安神。适用于虚劳、血证、不寐、眩晕、心悸等疾病。对脾胃虚弱所致的面色萎黄或苍白、头晕目眩、乏力短气、唇舌色淡、多梦易醒、心慌健忘、腹胀纳差等症状有一定疗效。现代医学研究表明，本方对免疫力低下、贫血、失眠、更年期综合征等病症有一定防治作用。

【膳食服法】餐时服用。

【附注】糖尿病患者宜去白糖。

山药配糯米　健脾益气，补肺益肾

山药糯米红糖粥

【食药材】生淮山药30克，糯米50克，红糖适量。

【膳食制法】

1. 将以上各食材洗净备用。山药去皮，洗净切块。
2. 在砂锅中加清水适量，放入粳米及山药，煮至粥熟。
3. 加入红糖调味，即可食用。

【功效与主治】温补脾肾，和胃止痛。适用于胃痛、血证、虚劳、泄泻等疾病。对脾肾阳虚所致的胃脘隐痛、绵绵不休、得温则缓、倦怠便溏、腰膝酸软、面白舌淡等症状有一定疗效。现代医学研究表明，本方对胃溃疡、胃炎、贫血、慢性肠炎等病症有一定防治作用。

【膳食服法】餐时服用。

蜜汁山药饼

【食药材】生淮山药500克，糯米粉200克，芝麻油50克，炒豆沙泥100克，植物油100克，白糖200克，桂花酱4克。

【膳食制法】

1. 将山药洗净，入笼蒸熟晾凉，去外皮后，捣成细泥状，加入糯米粉搅拌均匀，搓成长条。将豆沙泥搓成长条，与山药共制成小饼。
2. 将炒锅放置中火上，下植物油烧至七成热，放山药饼，炸至山药饼呈黄色捞出。

3. 将炒锅置旺火上，加入白糖、芝麻油炒至红色时，加入开水、桂花酱，烧沸。

4. 去掉桂花酱沉淀，文火煎成浓汁，加入山药饼，翻炒几下，蘸满糖汁，即可食用。

【功效与主治】健脾益气，补肺益肾。适用于咳嗽、喘证、便秘等疾病。对肺脾气虚所致的咳嗽咯痰、喘促短气、食少腹胀、气少懒言等症状，以及津亏肠燥所致的大便秘结、排便不畅、粪质干结等症状有一定疗效。现代医学研究表明，本方对便秘、支气管炎等病症有一定防治作用。

【膳食服法】餐时服用。

山药配鸡胗　活血通经，健胃消食

山药鸡胗粥

【食药材】生淮山药30克，鸡胗10克，糯米50克。

【膳食制法】

1. 将生淮山药洗净，去皮切片。鸡胗洗净，切丝。

2. 将粳米洗净，入砂锅，加水适量，放入山药、鸡胗，用武火烧开，文火煮至粥熟，即可食用。

【功效与主治】活血通经，健胃消食。适用于闭经、经行腹痛、食积、胃痛等疾病。对食积不化所致的脘腹胀满、胃痛时作、嗳腐吞酸、口干口臭等症状，以及对气滞血瘀所致的月经量少、经行腹痛、烦躁易怒、嗳气叹息等症状有一定疗效。现代医学研究表明，本方对痛经、闭经、胃炎等病症有一定防治作用。

【膳食服法】餐时服用。

【附注】感冒发热者慎食。

山药配甲鱼 健脾益气，滋肾养阴

【食材介绍——甲鱼】

甲鱼，又名鳖或团鱼，为鳖科动物中华鳖。甲鱼肉鲜味美，是高热量食材，被称为"美食五味肉"——包含鸡、牛、猪、鹿、鱼五种肉味，是滋补珍品。甲鱼含有蛋白质、脂肪、骨胶原、碳水化合物、维生素A、维生素E、硫胺素、核黄素、尼克酸、钙、磷、铁等多种成分。中医认为，甲鱼肉味甘，性平，归肝、肾经，具有滋阴补肾、清退虚热的作用。现代医学研究表明，甲鱼肉可以提高母乳质量，提高婴儿的免疫力及智力，能够增强身体的抗病能力及改善内分泌功能。甲鱼富含钙、磷，有助于骨骼发育和牙齿生长，防治骨质疏松和软骨病。甲鱼含有丰富的维生素A，可防治多种眼病，提高视力。甲鱼含维生素E，能抗衰老、防氧化、润肤去皱。甲鱼的胶原蛋白也有养颜护肤的功效。甲鱼富含维生素和多种氨基酸等营养成分，能促进机体生长发育，增强身体素质。一般人均可食用甲鱼，尤其适用于久病虚弱、儿童、老人、电脑工作者、耳鸣等人群。消化系统疾病者、孕妇等人群不宜单独食用。

山药桂圆炖甲鱼

【食药材】淮山药片30克，桂圆肉20克，甲鱼500克，食盐等调味品适量。

【膳食制法】

1. 将甲鱼杀好，洗净，置于热水锅中焯洗，去浮沫后取出。

2. 将山药、桂圆、甲鱼放入砂锅中，加水适量，武火烧开，文火炖至甲鱼烂熟，放入食盐调味，即可食用。

【功效与主治】健脾益气，滋肾养阴。适用于虚劳、痿证、阳痿、遗精、腰痛等疾病。对肝肾不足所致的体倦乏力、气短懒言、遗精滑精、阳痿早泄、屡孕屡堕、腰酸腰痛等症状，以及脾气亏虚所致的倦怠乏力、少气懒言、大便溏薄等症状有一定疗效。现代医学研究表明，本方对腰痛、阴茎勃起功能障碍、流产等病症有一定防治作用。

【膳食服法】餐时服用。

山药配西米　健脾益气，养胃美颜

【食材介绍——西米】

西米，又名西谷米，是由棕榈树类的树干经一系列加工而成的可食用淀粉。西米含有碳水化合物、蛋白质、B族维生素、膳食纤维、磷、铁等多种成分。中医认为，西米味甘，性温，归脾、胃、肺经，具有健脾、补肺、化痰的功效。现代医学研究表明，西米中含有大量淀粉和植物蛋白，可以供给人体能量以维持生命活动。西米中含有B族维生素，可缓解皮肤细胞衰老，濡润肌肤。一般人均可食用西米，尤其适用于体质虚弱之人。患有糖尿病者不宜单独食用。

西米小汤丸

【食药材】生淮山药50克，糯米50克，西米100克，冰糖20克。

【膳食制法】

1. 将糯米洗净，磨成米浆。将淮山药洗净，放入蒸笼蒸熟去皮，捣成山药泥，与糯米浆混匀，制成小丸。
2. 砂锅置中火上，放入冰糖加清水熬化。
3. 西米入锅，掺清水适量，加冰糖汁煮5分钟。
4. 将糯米丸放入西米汁中煮熟，即可食用。

【功效与主治】健脾益气，养胃美颜。适用于泄泻、食积等疾病。对脾胃虚弱、久病大病所致的食欲不振、腹胀纳差、体虚劳倦、大便溏薄等症状有一定疗效。现代医学研究表明，本方对消化不良、免疫力低下、慢性肠炎等病症有一定防治作用，久服可美容养颜。

【膳食服法】餐时服用。

山药配猪肾 补脾益气，补益肝肾

山药归参拌猪肾

【食药材】淮山药20克，当归、党参各5克，猪肾500克，酱油、醋、姜、蒜、香油等调味品适量。

【膳食制法】

1. 将猪肾切成两片，去外层白膜，去腰臊，洗净备用。

2. 将洗净的党参、当归、山药用纱布包好，与猪肾同置砂锅内，加清水适量，清炖至猪肾熟透。

3. 捞出猪肾，切成薄片，放在盘上，放入酱油、姜丝、蒜末、醋、香油等调料，搅拌均匀，即可食用。

【功效与主治】益气养血，补益肝肾。适用于眩晕、腰痛、不寐、心悸等疾病。对肝肾不足、气血虚弱所致的头晕头疼、心慌不适、入睡困难、睡后易醒、腰酸背痛、面白舌淡等症状有一定疗效。现代医学研究表明，本方对腰痛、失眠、贫血等病症有一定防治作用。

【膳食服法】餐时服用。

药参猪肾

【食药材】淮山药20克，党参5克，菟丝子3克，当归3克，猪肾500克，姜10克，蒜末3克，葱25克，麻油3克，酱油、白糖等调味品适量。

【膳食制法】

1. 将猪肾切成两片，去外层白膜，去腰臊，洗净备用。

2. 将当归、党参、山药、菟丝子洗净，烘干研制成细末，纱布包扎。

3. 把猪肾、中药粉包放入砂锅内，加清水适量，放入姜、葱。

4. 砂锅置于武火上烧沸，改用文火煮至熟透，取出猪肾晾凉，切成薄片，放于盘中。

5. 将麻油、蒜末、葱末、酱油、白糖兑成调味汁，肾片蘸取调味汁，即可食用。

【功效与主治】补益精血，补肾健脾。适用于心悸、遗精、带下病、泄泻等疾病。对脾肾不足所致的心慌不适、腹泻肠鸣、动后汗出、性功能障碍、尿频量多、带下清稀等症状有一定疗效。现代医学研究表明，本方对失眠、泄泻、心律失常等病症有一定防治作用。

【膳食服法】餐时服用。

山药配牛肉　补脾益气，暖胃止痛

山药枸杞蒸牛肉

【食药材】淮山药50克，桂圆肉10克，枸杞10克，牛肉500克，葱节10克，姜片10克，菜油50克，黄酒、食盐等调味品适量。

【膳食制法】

1. 将牛肉洗净，入开水中余片刻，沿牛肉纹理切成厚片。
2. 将山药、枸杞、桂圆肉洗净，备用。
3. 炒锅置于中火上烧热，放入菜油，油热下葱、姜煸香，放入牛肉片爆炒。
4. 加入适量黄酒，翻炒片刻，加入食盐、开水，再加入山药、枸杞、桂圆肉，加盖，放入蒸笼内蒸至牛肉软烂，取出姜、葱，即可食用。

【功效与主治】补脾益肾，滋养精血。适用于遗精、心悸、泄泻等疾病。对脾胃虚弱所致的消化不良、肠鸣腹泻、健忘少寐、心悸烦躁等症状，以及肾虚不固所致的性功能障碍、胎元不固、月经量少、质稀色淡等症状有一定疗效。现代医学研究表明，本方对遗精、滑精、泄泻等病症有一定防治作用。

【膳食服法】餐时服用。

【附注】发热者应慎用。

山药配板栗　健脾温中，补益肾气

三色甜烩菜

【食药材】生淮山药600克，板栗300克，白糖400克，红枣泥200克，湿淀粉50克，熟猪油150克，调味品适量。

【膳食制法】

1. 将山药洗净，切成两块，入盘上笼蒸熟，剥去皮，用刀压成泥状。

2. 用刀把板栗全部划十字口，放入锅内加水烧开，拣出剥去外壳，盛入碗中，加开水适量，再入笼蒸10分钟，取出压成泥状。

3. 炒锅置旺火上，下猪油适量，烧至六成热，加入白糖翻炒，加入山药泥、开水炒成糊状，放适量湿淀粉炒匀入盘。将板栗泥、红枣泥如前法分别炒制入盘。

4. 将三种糊状菜泥摆成三角形，即可食用。

【功效与主治】健脾温中，补益肾气。适用于阳痿、带下病、遗精等疾病。对脾胃虚弱所致的食少便溏、白带增多、质稀色淡等症状，以及肾气不足所致的性功能减退、腰膝酸软、小便频数等症状有一定疗效。现代医学研究表明，本方对遗精、滑精、泄泻等病症有一定防治作用。

【膳食服法】餐时服用。

【附注】小儿食积者不宜食用红枣泥。

山药配羊奶　滋阴养胃，补肾健脾

【食材介绍——羊奶】

羊奶，为牛科动物山羊或绵羊的乳汁。羊奶含蛋白质、脂肪、碳水化合物、维生素A、维生素B、维生素E、钙、钾、铁等多种成分。中医认为，羊奶味甘，性温，归胃、心、肾经，具有温润补虚的功效。现代医学研究表明，羊奶中含有丰富的钙，有利于防治骨质疏松和促进青少年骨骼发育。羊奶中的生长因子，能增强皮肤的自我修复能力，加之羊奶中较高含量的维生素E可以延缓皮肤衰老，在此二者共同作用下，会体现羊奶美白润肤的作用，会使得皮肤更加健康白皙光嫩。羊奶中特有的上皮细胞生长因子还具有提高人体免疫力的功效。羊奶富含超氧化物歧化酶，能清除人体自由基，消炎抗衰老。羊奶中的生物活性因子具有防癌功效。此外，羊奶比牛奶更容易消化。一般人均可饮用羊奶，尤其适用于儿童、青少年、营养不良、免疫力低下等人群。

山药羊奶羹

【食药材】山药30克，羊奶500毫升，白糖适量。

【膳食制法】

1. 将山药洗净去皮，蒸熟，轧碎成泥后备用。
2. 将鲜羊奶煮至沸。
3. 待羊奶沸腾时加入备好的山药泥，拌匀后用白糖调味，即可食用。

【功效与主治】滋阴养胃，补肾健脾。适用于虚劳、胃痛、泄泻、妊娠恶阻等疾病。对脾胃虚弱所致的不思饮食、神疲乏力、大便溏稀、腹部胀满等症状，以及胃阴不足所致胃部隐痛、干呕反胃、食入易吐和肾气不足所致腰膝酸软、头晕耳鸣等症状有一定疗效。

【膳食服法】餐时服用。

白扁豆

【来源】豆科植物扁豆的干燥的嫩荚壳及种子。

【性味归经】甘,平。归脾、胃经。

【功效与主治】补脾化湿,消暑和中。适用于脾虚湿盛所致的便多质稀、白带过多、体倦乏力、食少便溏、暑湿吐泄等症状。现代医学研究表明,白扁豆有抗菌、抗病毒、增强免疫力的疗效。

【药理成分】含有蛋白质、脂肪、钙、磷、铁、糖类、锌、淀粉酶抑制物、凝聚素A及B等。

【附注】健脾止泻宜炒用。

白扁豆配粳米　补脾益气，利水渗湿

八宝粥

【食药材】白扁豆20克，芡实5克，炒薏苡仁5克，百合3克，淮山药5克，莲肉3克，红枣5克，桂圆3克，粳米150克，白糖等调味品适量。

【膳食制法】

1. 将上述除粳米外的食材洗净，先煎煮30分钟。
2. 加入粳米煎煮至粥熟。
3. 加入白糖调味，即可食用。

【功效与主治】健脾益气，化湿和胃。适用于泄泻、带下病、呕吐等疾病。对脾虚湿盛所致的肢重乏力、大便溏薄、带下量多、质稀色淡、呕吐痰涎、胸膈满闷等症状有一定疗效。现代医学研究表明，本方对慢性肠炎、肠易激综合征等病症有一定防治作用。

【膳食服法】餐时服用。

扁豆人参粥

【食药材】白扁豆15克，人参3克，粳米50克，调味品适量。

【膳食制法】

1. 将白扁豆洗净并用温水浸泡，粳米淘洗净，白扁豆与粳米同时煎煮。
2. 另取砂锅煎煮人参，去渣取汁。
3. 粥熟时，将参汁兑入粥内，再煮二至三沸，加入调味品适量，即可食用。

【功效与主治】补脾止泻，益气安神。适用于泄泻、不寐、心悸等疾病。对脾虚湿盛所致的久泄不止、吐泻交作、心慌头重、胸闷痞满、多梦易醒、神疲倦怠、记忆力减退等症状有一定疗效。现代医学研究表明，本方对慢性肠炎、心律失常、记忆力减退等病症有一定防治作用。

【膳食服法】餐时服用。

扁豆粳米红糖粥

【食药材】白扁豆20克，粳米60克，红糖10克。

【膳食制法】

1. 将白扁豆洗净并用温水浸泡，粳米淘洗净。
2. 将以上食材放入砂锅，加清水，武火烧开，文火煮至粥熟，加入红糖，搅拌均匀，即可食用。

【功效与主治】健脾化湿，温中补虚。适用于泄泻、带下病、虚劳等疾病。对脾胃虚弱所致的大便次多、便质清稀、肠鸣腹痛、痰涎壅盛、肢倦乏力、白带量多、面色萎黄等症状有一定疗效。现代医学研究表明，本方对慢性肠炎、贫血等病症有一定防治作用。

【膳食服法】餐时服用。

白扁豆配羊肉　温补肾阳，培补脾气

扁豆羊肉粥

【食药材】白扁豆20克，淮山药10克，羊肉30克，粳米100克，调味品适量。

【膳食制法】

1. 将羊肉洗净切细丝，将山药、白扁豆洗净。
2. 将上三味与粳米同煮至米烂肉熟，即可食用。

【功效与主治】温脾止泻，补肾温阳。适用于泄泻、虚劳、痰饮、肥胖等疾病。对脾肾阳虚所致的大便次多、便质清稀、纳少乏力、呕吐痰涎、脘腹冷痛、喜温喜按、畏寒肢冷、形体消瘦、胸胁胀满、胃脘有振水声、形体肥胖等症状有一定疗效。现代医学研究表明，本方对慢性肠炎、肥胖症、血脂异常症等病症有一定防治作用。

【膳食服法】餐时服用。

白扁豆配面粉　健脾祛湿，美容养颜

五白糕

【食药材】白扁豆50克，白莲子10克，白菊花10克，白茯苓10克，白山药20克，面粉200克，白糖、老酵母适量。

【膳食制法】

1. 将白扁豆、白莲子、白菊花、白茯苓、白山药洗净，烘干，磨成细面。
2. 上述细面与面粉调匀，把白糖溶于适量水中，并用糖水和面，用老酵母发酵。
3. 上蒸笼武火蒸熟，切块，即可食用。

【功效与主治】健脾祛湿，增白润肤。适用于肥胖和雀斑者。对痰湿内生所致的形体肥胖、肢体困倦、腹满胀闷、渴不欲饮、喜卧懒动等症状及面部色素沉着者有一定疗效。现代医学研究表明，本方对肥胖症、血脂异常症等病症有一定防治作用，久服可美容养颜。

【膳食服法】餐时服用。

白扁豆配黄茶　健脾益气，利水渗湿

神仙黄茶

【食药材】白扁豆20克，茯苓5克，藿香、木瓜、川朴、党参、苍术、砂仁、玫瑰花、炙甘草各3克，黄茶10克。

【膳食制法】

1. 将上述除黄茶外的食药材洗净，用纱布包好，放入砂锅，加水适量，武火煮沸，文火煎煮30分钟，去渣取汁，备用。

2. 将药汁烧开，冲泡黄茶，即可饮用。

【功效与主治】健脾益气，利水渗湿。适用于泄泻、胁痛、腹痛等疾病。对肝郁气滞、脾虚失运所致的胁肋胀痛、喜善叹息、肠鸣矢气、腹痛腹泻、大便溏薄、食少纳呆等症状有一定疗效。现代医学研究表明，本方对肠易激综合征、慢性肠炎、慢性胆囊炎等病症有一定防治作用。

【膳食服法】代茶饮。

白扁豆配玉米　健脾益气，利水消肿

扁豆玉米大枣粥

【食药材】白扁豆25克，玉米50克，大枣10克。

【膳食制法】

1. 将白扁豆、大枣洗净，玉米碾碎，放入砂锅。
2. 砂锅加水适量，武火煮沸，文火煮至米烂粥熟，即可食用。

【功效与主治】健脾祛湿，利水消肿。适用于水肿、痰饮等疾病。对脾阳不振所致的身肿日久、脘腹胀闷、神疲乏力、身体困重、食少纳呆、呕吐痰涎、大便溏薄等症状有一定疗效。现代医学研究表明，本方对营养不良性水肿、内分泌性水肿等病症有一定防治作用。

【膳食服法】餐时服用。

白扁豆配西红柿　健脾益气，除湿止泻

茄汁白扁豆

【食药材】鲜白扁豆250克，西红柿酱150克，植物油25克，食盐、糖等调味品适量。

【膳食制法】

1. 将白扁豆置于锅内干炒，待熟时，入冷水中浸没。至豆皮起皱、胀大，捞起沥干。

2. 锅内放入植物油，倒入西红柿酱煸炒，放入白扁豆，加入盐、糖、水，文火煮至豆烂汁浓，即可食用。

【功效与主治】健脾益气，除湿止泻。适用于泄泻等疾病。对脾虚湿盛所致的大便溏泄、水谷不化、食少纳差、脘腹闷胀等症状有一定疗效。现代医学研究表明，本方对胃肠功能紊乱、肠易激综合征、慢性肠炎等病症有一定防治作用。

【膳食服法】餐时服用。

白扁豆配白芝麻　健脾益气，润肠通便

扁豆芝麻泥

【食药材】白扁豆150克，黑芝麻30克，白芝麻15克，核桃仁10克，白糖适量。

【膳食制法】

1. 将白扁豆放入沸水煮30分钟后，去外皮，再将豆仁蒸熟，捣成泥。

2. 把黑、白芝麻炒香、研末，核桃仁碾碎，待用。

3. 炒锅烧热，加油至六成熟，将扁豆泥翻炒至水分将尽，放入白糖炒匀，放入黑、白芝麻、核桃仁炒匀，即可食用。

【功效与主治】健脾益肾，润肠通便。适用于便秘、腰痛等疾病。对脾肾不足、精血亏虚所致的四肢无力、腰痛腿软、耳鸣目眩、大便秘结等症状有一定疗效。现代医学研究表明，本方对便秘、腰椎间盘突出症等病症有一定防治作用。

【膳食服法】餐时服用。

白扁豆花

【来源】豆科植物扁豆未完全开放的花。

【性味归经】甘、淡,平。归脾、胃、大肠经。

【功效与主治】健脾和胃,消暑化湿。适用于脾胃虚弱所致的大便溏泄、饮食减少、肢倦乏力、少气懒言、脘腹胀满、带下量多、色白质稀等症状。现代医学研究表明,白扁豆花有抗菌的疗效。

【药理成分】含有原花青苷、花青素、黄酮类、香豆精等。

白扁豆花配猪排　健脾益气，渗湿止泻

扁豆花馄饨

【食药材】鲜白扁豆花30克，猪排骨肉60克，酱汁适量，面粉适量，葱10克，胡椒粉2克，盐、香菜末等调味品适量。

【膳食制法】

1. 将鲜白扁豆花洗净，以滚烫水焯过，扁豆花剁碎备用。

2. 将猪肉洗净并剁为肉馅，葱切碎，与胡椒粉、扁豆花、酱汁、盐等一起搅拌成馄饨馅。

3. 加适量水和面成面团，并擀制馄饨皮，包馅成馄饨。

4. 将馄饨放入锅内煮熟，盛至碗内，倒适量馄饨汤，撒胡椒粉、香菜末等适量调味品，即可食用。

【功效与主治】健脾益气，渗湿止泻。适用于泄泻等疾病。对脾胃虚弱所致的食少纳呆、神疲乏力、呕恶痰涎、脘腹胀满、少气懒言等症状有一定疗效。现代医学研究表明，本方对慢性肠炎、痢疾等病症有一定防治作用。

【膳食服法】餐时服用。

白扁豆花配银耳　清热解暑，润肺止咳

【食材介绍——银耳】

银耳，为银耳科植物银耳的子实体。银耳含有蛋白质、维生素A、胡萝卜素、海藻糖、多缩戊糖、甘露糖醇、膳食纤维、钙、磷、铁、硒等多种成分。中医认为，银耳味甘、淡，性平，归肺、胃、肾经，具有滋阴润肺、养胃生津的功效。现代医学研究表明，银耳能提高肝脏解毒能力以保肝护肝。银耳富含维生素D，能防止钙的流失，对骨骼生长发育有利，可防治骨质疏松。因银耳还含有硒等微量元素，所以具有较好的抗肿瘤能力。银耳富含天然植物性胶质，可以保护皮肤。银耳中的膳食纤维能促进胃肠蠕动，既可通便排毒，也有减肥功效。一般人均可食用银耳，尤其适宜于免疫力低下、营养不良、皮肤粗糙、头发干枯、记忆力减退、骨质疏松等人群。

清暑银耳饮

【食药材】鲜白扁豆花20克，鲜荷叶10克，鲜银花10克，鲜竹叶6克，丝瓜皮10克，银耳30克，西瓜汁300克，白糖适量。

【膳食制法】

1. 将鲜荷叶、丝瓜皮、竹叶、鲜扁豆花、鲜银花洗净。
2. 银耳泡发好后切碎，备用。
3. 中药入锅，加水煎20分钟，煮成药汁，去渣取汁。
4. 砂锅洗净，加入药汁、银耳、白糖溶化，煎煮10分钟，放凉，加入西瓜汁，即可饮用。

【功效与主治】清热解暑，滋阴润肺。适用于中暑。对暑热耗伤、气阴两虚所致的身热口渴、头目不清、头昏微胀、小便不利、倦怠乏力、少气懒言等症状有一定疗效。现代医学研究表明，本方对中暑等病症有一定防治作用。

【膳食服法】随时服用。

白扁豆花配粳米 清热除湿，健脾益气

豆花粥

【食药材】白扁豆花10克，粳米100克。

【膳食制法】

1. 将扁豆花洗净，碾碎备用。
2. 将砂锅中加入粳米，煮至将熟。
3. 加入扁豆花粉，煮至粥熟，即可食用。

【功效与主治】清热除湿，健脾益气。适用于泄泻等疾病。对脾胃虚弱所致的大便溏泄、食少纳差、神疲乏力、脘腹胀满等症状有一定疗效。现代医学研究表明，本方对慢性肠炎、胃肠道功能紊乱等病症有一定防治作用。

【膳食服法】餐时服用。

白扁豆花配鸭蛋 清热除湿，健脾止带

豆花煎蛋

【食药材】白扁豆花20克，鸭蛋2个，盐、植物油等调味品适量。

【膳食制法】

1. 将白扁豆花洗净，沥干水分，切成细末，置于碗中。
2. 打入鸭蛋2个，加适量盐搅匀，用适量植物油煎熟，即可食用。

【功效与主治】清热利湿，健脾止带。适用于带下病等疾病。对湿热下注所致的带下量多、色黄味臭、胸闷心烦、口苦咽干、小便短赤等症状有一定疗效。现代医学研究表明，本方对阴道炎、宫颈炎、盆腔炎等病症有一定

防治作用。

【膳食服法】餐时服用。

白扁豆花配白糖　清热解毒，涩肠止泻

扁豆花饮

【食药材】鲜扁豆花15克，白糖适量。

【膳食制法】

1. 将白扁豆花洗净，放入茶杯内，冲入开水。
2. 加盖焖泡15分钟，加入白糖调味，即可饮用。

【功效与主治】清热解毒，涩肠止泻。适用于泄泻等疾病。对饮食不节、湿热蕴肠所致的腹痛即泄、泻而不爽或泻下急迫、便黄味臭、胸烦口渴、小便短赤、肛门灼热等症状有一定疗效。现代医学研究表明，本方对急慢性肠炎、肠易激综合征、胃肠功能紊乱等病症有一定防治作用。

【膳食服法】代茶饮。

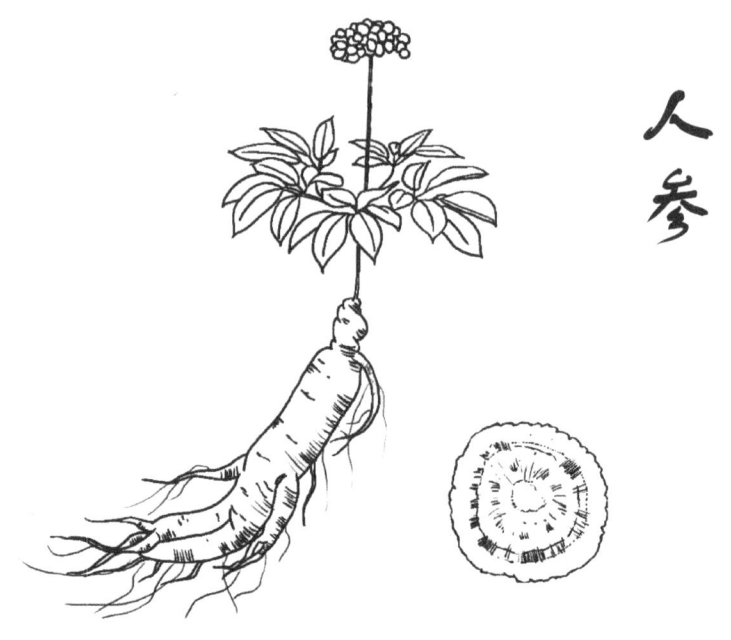

人参

【来源】五加科植物人参干燥的根及根茎。

【性味归经】甘、微苦，微温。归肺、脾、心经。

【功效与主治】补脾益肺，大补元气，安神益智。适用于劳伤虚损、气血津液不足所致的短气喘促、倦怠乏力、食少便溏、懒言声微、自汗、心悸失眠、健忘等症状。现代医学研究表明，人参有抗疲劳、提高机体免疫力、增强记忆力、提高缺氧耐受力、降血糖、降血脂、抗动脉粥样硬化的功效。

【药理成分】含有人参皂苷、人参二醇、人参三醇、氨基酸、肽类、葡萄糖、维生素、烟酸、果糖、麦芽糖等。

【附注】不宜与藜芦、莱菔子同用。

人参配菠菜　健脾益气，安神益智

人参菠菜饺

【食药材】人参粉5克，菠菜750克，面粉3000克，瘦猪肉500克，生姜末、大葱末、胡椒粉、香油、酱油、食盐等调味品适量。

【膳食制法】

1. 将菠菜洗净，去根留叶，剁成菜泥，以纱布包好，挤出菜汁，备用。
2. 将猪肉剁成肉泥，加入菠菜、盐、胡椒粉、酱油、姜末拌匀，再放入人参粉、葱花、香油拌匀成馅。
3. 面粉以菠菜汁和匀，揉成面团，制成饺子皮，包成饺子，煮熟，即可食用。

【功效与主治】健脾益气，安神益智。适用于虚劳、心悸、不寐等疾病。对气虚神衰所致的精神疲乏、心悸不宁、四肢无力、多梦易醒、入睡困难、气短懒言、记忆力减退等症状有一定疗效。现代医学研究表明，本方对更年期综合征、神经官能症、失眠、健忘、肌无力等病症有一定防治作用。

【膳食服法】餐时服用。

人参配粳米　大补元气，补脾益肺

人参粥

【食药材】人参粉3克，粳米100克，冰糖适量。

【膳食制法】

1. 将粳米洗净后，与人参粉一起放入砂锅内，加适量清水。
2. 将锅置于武火上烧开，移文火上煎熬至粥熟。

3. 将冰糖加入熟粥，搅拌均匀，即可食用。

【功效与主治】大补元气，补脾益肺。适用于虚劳等疾病。对气血津液不足所致的年老体衰、食欲不振、心慌气短、周身乏力、易于感冒、睡眠不佳等症状有一定疗效。现代医学研究表明，本方对更年期综合征、神经官能症、失眠、健忘等病症有一定防治作用。

【膳食服法】餐时服用。

【附注】本方不可同食萝卜和茶。

参枣粥

【食药材】人参3克，大枣10克，粳米100克。

【膳食制法】

1. 将人参、大枣洗净，用纱布包好，放入砂锅，加清水适量，武火烧开，文火煎至30分钟，去渣取汁，备用。

2. 将粳米洗净，放入砂锅，加入药汁，煮至粥稠米烂，即可食用。

【功效与主治】补中益气，养血生血。适用于血证、眩晕、心悸、不寐等疾病。对气血两虚所致的头晕目眩、心慌不适、睡眠不佳、记忆力减退、肢倦懒言、四肢无力、面色无华等症状有一定疗效。现代医学研究表明，本方对贫血、失眠、健忘、免疫力下降等病症有一定防治作用。

【膳食服法】餐时服用。

【医学分析】膳食中人参味甘、微苦，性微温，归脾、肺、心经，功可大补元气，补脾益肺，生津安神。大枣味甘，性平，补脾胃虚损，生新血。盖因脾为气血生化之源，化源竭，则血无以再生，故治血当先益其化源。上两味与粳米同煮，共奏补中益气、养血生血之效。故食用本粥对气血两虚所致的再生障碍性贫血等疾病有一定疗效。

参苓粳米粥

【食药材】人参3克，白茯苓2克，生姜2克，粳米100克，食盐等调味品适量。

【膳食制法】

1. 将人参、白茯苓、生姜洗净，纱布包好，放入砂锅，加清水适量，武火烧开，文火煎至30分钟，去渣取汁，备用。

2. 将粳米洗净，放入砂锅，加入药汁，煮至粥稠米烂。
3. 临熟时加适量食盐调味，搅拌均匀，即可食用。

【功效与主治】健脾和胃，养心安神。适用于虚劳、不寐、呕吐、呃逆、心悸等疾病。对心脾两虚所致的神疲乏力、气短懒言、头晕心慌、睡眠不佳、记忆力减退、面白色淡等症状，以及胃气不和所致的日渐消瘦、不思饮食、呕吐宿食、呃声频频等症状有一定疗效。现代医学研究表明，本方对呕吐、贫血、失眠、健忘等病症有一定防治作用。

【膳食服法】餐时服用。

人参配冰糖　健脾益气，生津止渴

人参莲肉汤

【食药材】人参3克，莲子2克，冰糖适量。

【膳食制法】
1. 将人参洗净，莲子用温水泡发。
2. 将参、莲、冰糖放碗内，加水半碗，放蒸锅内，隔水蒸炖60分钟，即可食用。

【功效与主治】健脾止泻，养心安神。适用于泄泻、不寐、心悸等疾病。对脾虚失运所致的肢倦乏力、面色萎黄、纳呆腹胀、大便溏薄等症状，以及心神失养所致的失眠多梦、心慌不适、面色淡白等症状有一定疗效。现代医学研究表明，本方对慢性肠炎、心律失常、失眠、记忆力减退等病症有一定防治作用。

【膳食服法】餐时服用。

【医学分析】膳食中，人参大补元气，复脉固脱，补脾益肺，生津止渴，安神益智。《神农本草经》称其"主补五脏……开心益智"。《本草从新》说："开心益智，心气强则善思而多智。"莲子补脾益肾，安神增智。冰糖补虚润燥而调和诸药。三味相配共奏健脾止泻、养心安神之效。元气为智慧之本，元气充沛，则聪慧过人。若先天不足或后天劳损，元气不足，症见或愚笨或未老先衰，智力日减。故服用此汤对脾虚失运所致的泄泻、失眠、心悸等疾病有一定疗效。现代医学研究表明，人参可促进小儿大脑发育，提高智力，又能延缓中老年人的智力衰退；人参还可强化大脑皮层功能，可提高综合分析能力。

人参配橙皮　补脾益气，行气止痛

【食材介绍——橙皮】

橙皮又称黄果皮，是芸香科植物香橙的果皮，剥下的果皮经晒干或烘干而成。橙皮含有维生素A、正癸醛、柠檬醛、柠檬烯、辛醇、枸橘苷、橙皮苷、柚皮苷等多种成分。中医认为，橙皮味辛、苦，性温，归脾、肺经，具有行气健脾、降逆化痰的功效。现代医学研究表明，酸橙皮中含有大量维生素A，有健胃消食、增进食欲的功效。橙皮的提取物对慢性气管炎有效。一般人均可食用橙皮，尤其适用于食欲不振、腹胀、咳嗽、咳痰等人群。儿童禁食。

人参橙皮汤

【食药材】人参3克，紫苏叶2克，橙皮5克，砂糖适量。

【膳食制法】

1. 将人参、紫苏叶、橙皮洗净，纱布包好，放入砂锅，加清水适量，武火烧开，文火煎至30分钟，去渣取汁，备用。

2. 将药汁倒入砂锅，武火烧开，兑入砂糖，搅拌均匀，即可饮用。

【功效与主治】补脾益气，降逆化痰。适用于咳嗽、梅核气、痞满等疾病。对脾胃虚弱所致的脘腹胀闷、渴不多饮、食少纳呆、呕吐痰涎等症状，以及肝郁气滞、痰气互结所致的喉间异物感和肺气不降所致的咳嗽痰多、呼多吸少等症状有一定疗效。现代医学研究表明，本方对急慢性支气管炎、慢性咽炎、慢性胃炎等病症有一定防治作用。

【膳食服法】餐时服用。

人参配鸡蛋　补脾益气，温补元阳

温胃鸡蛋

【食药材】人参3克，干姜2克，肉桂2克，鸡蛋1个，调味品适量。

【膳食制法】

1. 将人参、肉桂、干姜洗净，用纱布包好，放入砂锅，加清水适量，武火烧开，文火煎至30分钟，去渣取汁，备用。

2. 将药液烧开，打入鸡蛋，搅拌调匀，加入冰糖溶化，即可饮用。

【功效与主治】补脾益气，温补元阳。适用于腹痛、胃痛等疾病。对脾肾阳虚所致的脘腹冷痛、喜温喜按、形寒肢冷、倦怠乏力、食少纳呆、大便溏薄等症状有一定疗效。现代医学研究表明，本方对慢性胃炎、胃痉挛、肠易激综合征等病症有一定防治作用。

【膳食服法】餐时服用。

【医学分析】膳食中，人参能大补元气，单用煎服，即可使阳气欲脱的垂危病人复苏，是治疗气虚病症的主要药物。干姜不仅可温胃散寒，又可健胃，增进食欲，加强消化吸收。肉桂既能温中焦之阳而除里寒，又能助人参升发阳气、迅达内外、温阳逐寒，更益以营养丰富的鸡蛋与药汁调服，可缓姜之辛烈。四味相配共奏补脾益气、温经散寒之效。故服用本汤不仅可治脾胃虚冷、中脘气满、善饥不能食之证，对其他心、脾、肾阳气虚衰所致的阴寒偏盛证候亦可见效。

人参配羊肺　益气补肺，健脾补虚

【食材介绍——羊肺】

羊肺，为牛科动物山羊或绵羊的肺。羊肺含有蛋白质、脂肪、核黄素、尼克酸、肝素、钙、磷、铁等多种成分。中医认为，羊肺味甘，性平，归肺经，具有补肺、止咳、利水的功效。现代医学研究表明，羊肺提取物中含有一定量的肝素，具有抗凝、调脂、抗炎的作用。羊肺含有丰富的蛋白质、矿物质及多种维生素等物质，并含有多种氨基酸，可以有效补充人体膳食营养，促进人体生长发育。一般人均可食用，尤其适宜于咳喘、排便不畅等人群食用。

人参羊肺散

【食药材】人参5克，川贝母2克，桑白皮3克，杏仁3克，炙甘草3克，蛤蚧1对，羊肺1对（酒洗净，阴干，低温烘脆），调味品适量。

【膳食制法】

1. 上述诸食药材洗净，烘干打粉碾末。
2. 盛于瓷器内，放置阴凉干燥处，待用时，取出置于杯中，温水调服。

【功效与主治】益气补肺，化痰定喘。适用于咳嗽、喘证等疾病。对肺虚久咳所致的咳嗽有痰、痰少或黏、口干咽燥、呼多吸少、颧红盗汗、日渐消瘦、大便干燥等症状有一定疗效。现代医学研究表明，本方对慢性支气管炎、慢性咽炎、支气管扩张症等病症有一定防治作用。

【膳食服法】餐时服用。

【附注】咳嗽发热者不宜食用。

人参配胡桃肉　补肾纳气，温肺散寒

【食材介绍——胡桃肉】

胡桃肉，又名核桃仁，为胡桃科植物胡桃的种仁。核桃仁含有亚油酸甘油酯、亚麻酸、油酸甘油酯、卵磷脂、丙酮酸、蛋白质、碳水化合物、胡萝卜素、维生素E、核黄素、锌、铬、锰等多种成分。核桃仁味甘，性温，归肺、肾经，具有补肾固精、温肺定喘、润肠通便的作用。现代医学研究表明，核桃中的亚油酸甘油酯具有净化血液、清除血管壁杂质的作用，从而降低血粘稠度，有利于预防心脑血管疾病。核桃仁中的维生素E能抗衰老，卵磷脂能促进脑细胞生长发育，提高记忆力。核桃富含易被人体吸收的优质脂肪和蛋白质，对大脑神经极有助益，适合神经衰弱、健忘、失眠多梦者食用。核桃仁中所含的丙酮酸有排石作用，适合有胆石症或者尿结石的患者。此外，核桃仁中所含的微量元素对降血压、降血糖也有一定疗效。一般人均可食用核桃仁，尤其适宜于儿童、老人、神经衰弱、健忘、失眠多梦、胆结石、尿结石、记忆力减退、咳嗽、便秘等人群。腹泻、痰热咳嗽者不宜食用。

人参核桃汤

【食药材】人参3克，核桃肉30克，生姜3片，冰糖等调味品适量。

【膳食制法】

1. 将核桃肉、人参、生姜洗净，用纱布包好，放入砂锅。

2. 砂锅加清水适量，武火烧开，文火煎至30分钟，去渣取汁，加入冰糖调味，即可饮用。

【功效与主治】补肾纳气，温肺散寒。适用于喘证、哮病（缓解期）等疾病。对肺肾虚寒所致的短气喘促、痰少质稀、动则尤甚、腰膝酸软、畏寒肢冷、面色苍白等症状有一定疗效。现代医学研究表明，本方对支气管哮喘、喘息性支气管炎等病症有一定防治作用。

【膳食服法】餐时服用。

【医学分析】膳食中人参味甘、微苦，性微温，归脾、肺、心经，功可大补元气、补脾益肺。核桃肉甘，温，归肺、肾经，善补肾纳气、敛肺定喘。二味合用共奏补肾纳气、温肺散寒之效。肺为气之主，肾为气之根，肺肾虚寒，则喘促不足以息。故服用本汤对肾不纳气所致的虚寒哮喘有一定疗效。

人参配白酒　大补元气，补肾壮阳

强身起阳酒

【食药材】人参5克，雄蚕蛾20克，韭菜子3克，菊花3克，菟丝子3克，石斛2克，白酒1000毫升。

【膳食制法】

1. 将上述中药清洗，烘干粉碎，纱布包好。
2. 将药包放入净器，倒入白酒，密封浸泡15日，每日摇晃1次，即可饮用。

【功效与主治】补肾壮阳，温经益气。适用于阳痿、早泄、遗精等疾病。对肾阳虚衰所致的阳事不举或举而不坚、性欲减退、畏寒肢冷、性功能障碍、小便清长、夜尿频多、精神萎靡、头晕耳鸣等症状有一定疗效。现代医学研究表明，本方对神经衰弱、前列腺炎、男子阴茎勃起功能障碍等病症有一定防治作用。

【膳食服法】餐时饮用。

白术

【来源】菊科植物白术的根茎。

【性味归经】甘、苦，温。归脾、胃经。

【功效与主治】补气健脾，止汗安胎，燥湿利水。适用于脾虚不运所致的食少便溏、脘腹胀满、痰饮水肿、肢软神疲、气虚自汗、小便不利、胎动不安等症状。现代医学研究表明，白术有降糖、利尿、扩血管、抗肿瘤、抗菌的疗效。

【附注】阴虚内热或口渴便秘者不宜单独食用。

白术配猪肚 补脾益气，和中止呕

白术猪肚粥

【食药材】炒白术6克，槟榔3克，猪肚75克，生姜5克，粳米120克，盐等调味品适量。

【膳食制法】

1. 将白术、槟榔、生姜洗净，用纱布包好，与猪肚一起放入砂锅。

2. 砂锅加清水适量，武火煮沸，文火煎煮30分钟，去药包，猪肚切丝，放回砂锅。

3. 将粳米洗净，放入砂锅，加清水适量，煮至粥熟，加食盐调味，即可食用。

【功效与主治】补脾益气，温中止呕。适用于胃痛、腹痛、呕吐、泄泻等疾病。对脾胃虚寒所致的脘腹冷痛、肠鸣频频、大便溏薄、呕恶宿食、神疲肢倦等症状有一定疗效。现代医学研究表明，本方对胃肠消化不良、功能性呕吐、胃痉挛等病症有一定防治作用。

【膳食服法】餐时服用。

白术配粳米　健脾和胃，温中止痛

白术陈皮粥

【食药材】炒白术6克，陈皮3克，粳米100克，红糖等调味品适量。

【膳食制法】

1. 将白术洗净，用纱布包好，放入砂锅，加清水适量，武火烧开，文火煎至30分钟，去渣取汁，备用。
2. 将粳米洗净，放入砂锅内，加清水适量。
3. 煮至粥将熟，加入陈皮，煮至粥熟，放入红糖调味，即可食用。

【功效与主治】健脾和胃，理气化痰。适用于痞满、呕吐、呃逆等疾病。对脾胃虚弱所致的脘腹胀闷、渴不多饮、食少纳呆、呕吐痰涎、呕吐频作、倦怠懒言等症状有一定疗效。现代医学研究表明，本方对慢性肠炎、食源性呕吐、胃肠神经官能症、营养不良、免疫力低下等病症有一定防治作用。

【膳食服法】餐时服用。

白术配鸡肉　健脾益气，温中止痛

白术茯苓鸡翅煲

【食药材】炒白术6克，白茯苓3克，白芍3克，炙甘草3克，枸杞5克，鸡翅500克，四季豆50克，姜片3克，盐等调味品适量。

【膳食制法】

1. 将鸡翅洗净、剁块，锅中加水烧沸，入鸡翅焯透，除去浮沫捞出。将白术、白茯苓、白芍、炙甘草、枸杞洗净并用纱布包好，四季豆洗净，备用。
2. 砂锅放入鸡翅、四季豆、纱布包、生姜片及清水适量，武火煮沸，文火煮至鸡肉熟透，拣去药包，加食盐调味，即可食用。

【功效与主治】健脾益气，利水渗湿。适用于水肿、痰饮、泄泻等疾病。对脾肾阳虚所致的周身浮肿、小便清长、大便溏薄、脘腹胀闷、呕吐痰涎、身肿面浮、渴不欲饮等症状有一定疗效。现代医学研究表明，本方对胃肠消化不良、肝硬化等病症有一定防治作用。

【膳食服法】餐时服用。

玉屏风鸡汤

【食药材】炒白术5克，炙黄芪15克，防风5克，鸡肉500克，猪肉50克，姜3克，盐等调味品适量。

【膳食制法】

1. 将黄芪、白术、防风洗净，用纱布包好，放入砂锅，加清水适量，武火烧开，文火煎至30分钟，去渣取汁，备用。

2. 将鸡肉、猪肉洗净，切细丝。

3. 将药汁入砂锅，加生姜、清水适量，武火烧开，加入鸡肉、猪肉丝，煮至肉熟，加食盐适量，即可食用。

【功效与主治】健脾益气，固表止汗。适用于自汗等疾病。对表虚不固所致的汗出恶风、劳则更甚、面色㿠白、体倦乏力、易于感冒等症状有一定疗效。现代医学研究表明，本方对植物神经功能紊乱、更年期综合征等病症有一定防治作用。

【膳食服法】餐时服用。

白术配黄茶　健脾益气，通利小便

白术黄草茶

【食药材】炒白术3克，炙甘草2克，黄茶5克。

【膳食制法】

1. 将白术、甘草洗净，用纱布包好，放入砂锅，加清水适量，武火烧开，文火煎至30分钟，去渣取汁，备用。

2.将药汁煮开，冲泡黄茶，即可饮用。

【功效与主治】健脾益肾，清热利尿。适用于淋证等疾病。对脾气亏虚或湿热下注所致的小便浑浊、尿道疼痛、口干口苦或时止时作、劳则加重、少气懒言、神疲乏力等症状有一定疗效。现代医学研究表明，本方对尿路感染等病症有一定防治作用。

【膳食服法】代茶饮。

白术配羊肉　健脾和胃，理气化痰

瘦身烤肉

【食药材】白术3克，砂仁2克，枳实（麸炒）3克，黄连（酒洗）1克，焦山楂3克，陈皮3克，荷叶3克，藿香2克，佩兰2克，炒神曲2克，羊肉1000克，孜然5克，花椒粉2克，盐等调味品适量。

【膳食制法】

1.将上述中药洗净、烘干、粉碎至末状，把中药粉与孜然、花椒粉混合均匀，煨羊肉2小时。

2.烧烤羊肉至肉熟，撒少许食盐，即可食用。

【功效与主治】健脾和胃，理气化痰。适用于肥胖者。对脾气亏虚、湿邪停滞所致的形体肥胖、胸胁满闷、倦怠懒动、神疲乏力、大便不畅等症状有一定疗效。现代医学研究表明，本方对单纯性肥胖、代谢综合征等病症有一定防治作用。

【膳食服法】餐时食用。

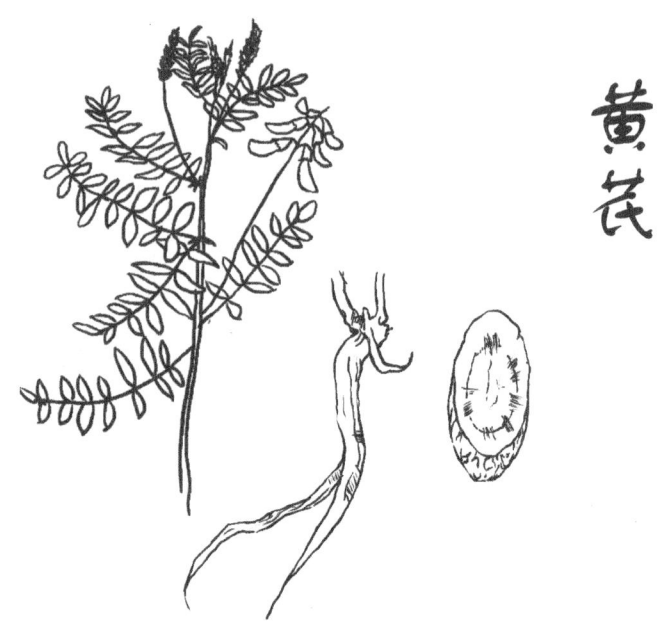

黄芪

【来源】豆科植物蒙古黄芪和膜荚黄芪干燥的根。

【性味归经】甘，微温。归脾、肺经。

【功效与主治】补气健脾，升阳举陷，益卫固表，利水消肿，托毒生肌。适用于脾气虚弱所致的神倦乏力、气短懒言、面色萎黄、食少便溏、久泻脱肛、内脏下垂、崩漏带下、胎动不安和肺气虚所致的自汗咳喘、易感风邪等症状，以及脾虚失运所致的浮肿、小便不利和正虚毒盛所致的疮疡内陷、脓成不溃或溃久不敛等症状。

【药理成分】含有黄芪皂苷、乙酰黄芪皂苷、异黄芪皂苷、大豆皂苷、多糖、氨基酸及微量元素等。

【附注】表实邪盛、阴虚阳亢、内有积滞者不宜单独食用。

黄芪配毛豆　补脾益气，温中止呕

【食材介绍——毛豆】

毛豆，又名大豆、黄豆，为蝶形花科植物大豆的种子，是未成熟的大豆。毛豆含有蛋白质、碳水化合物、不饱和脂肪酸、卵磷脂、膳食纤维、胡萝卜素、维生素B_1、尼克酸、钾、铁等多种成分。中医认为，毛豆味甘，性平，归脾、心、大肠经，具有健脾利水、宽中导滞、解毒消肿的功效。现代医学研究表明，毛豆含有大豆异黄酮，其对皮肤胶原具有保护作用，可减少皮肤皱纹，使皮肤更光滑。毛豆含有丰富的钾，可以缓解倦怠，补充体力。毛豆含有丰富的不饱和脂肪酸，可以降低人体内胆固醇的含量以保护心脑血管。毛豆中的卵磷脂是大脑发育关键营养素，能保证大脑健康发育。毛豆含有丰富的膳食纤维，能促进胃肠道蠕动，改善便秘。毛豆富含易被人体吸收的铁元素，可以防治缺铁性贫血。毛豆中含量极高的蛋白质是有效补充机体营养的来源。一般人均可食用毛豆。肾病患者不宜单独食用。

黄芪党参煮毛豆

【食药材】炙黄芪10克，党参6克，毛豆500克，盐等调味品适量。

【膳食制法】

1. 将毛豆洗净并将两端剪掉，党参、炙黄芪洗净，放入砂锅。
2. 砂锅加水适量，武火煮开，文火煮至豆熟，加入食盐调味，即可食用。

【功效与主治】益气健脾，利水消肿。适用于水肿、痞满等疾症。对脾虚失运所致的肢体浮肿、脘腹不适、胀闷不舒、纳差便溏、倦怠乏力、少气懒言等症状有一定疗效。现代医学研究表明，本方对营养不良性水肿、内分泌失调性水肿、功能性水肿等病症有一定防治作用。

【膳食服法】餐时服用。

黄芪配鲤鱼　健脾益气，利水消肿

黄芪党参烧鲤鱼

【食药材】炙黄芪10克，党参3克，活鲤鱼1条，香菇15克，冬笋15克，花生油30克，清汤500克，白糖、食盐、葱、生姜汁适量。

【膳食制法】

1. 将鲤鱼去鳞洗净，炙黄芪、党参洗净装入鱼腹。姜、葱、蒜切丝备用。
2. 用花生油将鲤鱼双面煎黄，鲤鱼放入砂锅，加入生姜汁、葱丝、食盐、白糖及清汤适量，武火烧开，加入笋片、香菇，文火煮至鱼熟，即可食用。

【功效与主治】降气止咳，利水消肿。适用于水肿、咳嗽等疾病。对脾虚失运所致的水肿胀满、小便不利、面色不华、倦怠乏力等症状，以及肺气上逆所致的咳喘气逆或伴有痰等症状有一定疗效。现代医学研究表明，本方对营养不良性水肿、内分泌失调性水肿、功能性水肿、慢性支气管炎等病症有一定防治作用。

【膳食服法】餐时服用。

黄芪烧鲤鱼

【食药材】炙黄芪10克，鲤鱼500克，生姜、葱、食盐、料酒、香菜等调味品适量。

【膳食制法】

1. 将鲤鱼去鳞洗净，炙黄芪洗净装入鱼腹。
2. 用油将鲤鱼双面煎黄，鲤鱼放入砂锅，加入生姜、葱、食盐、料酒及清水适量，武火烧开，文火煮至鱼熟，撒入香菜末以调味，即可食用。

【功能与主治】补益脾胃，利水消肿。适用于水肿、虚劳等疾病。对脾气亏虚所致的周身浮肿、倦怠乏力、少气懒言、形体消瘦、大便溏薄、小便不净等症状有一定疗效。现代医学研究表明，本方对前列腺肥大有一定防治作用。

【膳食服法】餐时服用。

黄芪配鲈鱼　益气固表，健脾止汗

【食材介绍——鲈鱼】

鲈鱼，又名花鲈，为真鲈科动物鲈鱼。鲈鱼含有蛋白质、不饱和脂肪酸、碳水化合物、维生素A、维生素B_2、烟酸、磷、铁、铜等多种成分。中医认为，鲈鱼味甘，性平，归肝、脾、肾经，具有益脾胃、补肝肾的功效。现代医学研究表明，鲈鱼含有大量的不饱和脂肪酸，能降胆固醇和血粘稠度，改善血液循环，对高血压、冠心病、动脉硬化等疾病有良好的预防和治疗作用，老年人常食鲈鱼有利于延年益寿。鲈鱼血中还有较多的铜元素，对维持神经系统的正常功能起到一定作用，铜元素缺乏者可通过食用鲈鱼来补充。鱼类蛋白为优质蛋白，常食鲈鱼可以补充机体所需蛋白质，有利于生长发育。此外，鲈鱼还能安胎、防治水肿。一般人均可食用鲈鱼，尤其适宜于水肿、胎动不安、铜元素缺乏、营养不良、心脑血管疾病等人群。皮肤病及疮疡病患者不宜单独食用。

黄芪炖鲈鱼

【食药材】炙黄芪50克，鲈鱼500克，生姜、葱、食盐、料酒等适量。

【膳食制法】

1. 将鲈鱼去鳞洗净，炙黄芪洗净装入鱼腹。

2. 用油将鲈鱼双面煎黄，鲈鱼放入砂锅，加入生姜、葱、食盐、料酒及清水适量，武火烧开，文火煮至鱼熟，撒入葱花以调味，即可食用。

【功效与主治】益气固表，健脾止汗。适用于汗证、水肿等疾病。对脾运失健所致的腰以下肿、周身乏力、倦怠乏力、少气懒言、小便不利、食少腹胀、神疲肢软、活动后汗出过多等症状有一定疗效。现代医学研究表明，本方对水肿、植物神经功能紊乱等病症有一定防治作用。

【膳食服法】餐时服用。

黄芪配粳米　健脾益肺，益气养血

黄芪党参粳米粥

【食药材】炙黄芪10克，党参3克，粳米90克，冰糖等调味品适量。

【膳食制法】

1. 将炙黄芪、党参洗净，用纱布包好，放入砂锅，加清水适量，武火烧开，文火煎至30分钟，去渣取汁，备用。

2. 将粳米洗净，入砂锅，加入药汁及适量清水，武火煮开，文火煮至米熟，加入冰糖，搅拌均匀，即可食用。

【功效与主治】健脾益肺，益气养血。适用于虚劳、汗证等疾病。对劳倦所伤、气血虚损所致的动后汗出、夜间汗出、体瘦羸弱、心慌气短、食欲不振、面白舌淡等症状有一定疗效。现代医学研究表明，本方对慢性消耗性疾病、营养不良、植物神经功能紊乱等病症有一定防治作用。

【膳食服法】餐时服用。

黄芪陈皮粥

【食药材】炙黄芪10克，陈皮3克，粳米100克，红糖等调味品适量。

【膳食制法】

1. 将炙黄芪洗净，用纱布包好，放入砂锅，加清水适量，武火烧开，文火煎至30分钟，去渣取汁，备用。

2. 将粳米洗净，入砂锅，加入药汁及适量清水，武火煮开，加入陈皮，文火煮至米熟，加入红糖，搅拌均匀，即可食用。

【功效与主治】补益中气，健脾和胃。适用于泄泻、虚劳等疾病。对劳倦内伤所致的汗出畏风、倦怠乏力、食少懒言、小便清长、大便稀溏、体瘦羸弱、面容憔悴等症状有一定疗效。现代医学研究表明，本方对慢性消耗性疾病、营养不良、慢性肠炎等病症有一定防治作用。

【膳食服法】餐时服用。

黄芪配鸡肉 益气补血，补益肺脾

黄芪鸡肉粳米粥

【食药材】炙黄芪20克，母鸡肉50克，粳米100克，食盐等调味品适量。

【膳食制法】

1. 将鸡肉洗净，切细丝。

2. 将炙黄芪洗净，纱布包好，放入砂锅，加清水适量，武火烧开，文火煎至30分钟，去渣取汁，备用。

3. 将粳米洗净，入砂锅，加入药汁及适量清水，武火煮开，加入鸡肉丝，文火煮至米熟肉烂，加入食盐调味，即可食用。

【功效与主治】益气补血，补益肺脾。适用于虚劳等疾病。对气血双亏、久病体虚所致的四肢无力、神疲倦怠、食少纳呆、睡眠欠佳、记忆力减退、头晕目眩、活动后汗出等症状有一定疗效。现代医学研究表明，本方对免疫力低下、慢性消耗性疾病、营养不良等病症有一定防治作用。

【膳食服法】餐时服用。

【附注】发热者慎服。

黄芪补血鸡

【食药材】炙黄芪15克，当归5克，川芎3克，母鸡1000克，花生衣20克，葱1段，生姜3片，盐等调味品适量。

【膳食制法】

1. 将母鸡洗净，并将洗净的炙黄芪、当归、川芎和花生衣、葱、姜一同放入鸡腹，用线绑鸡腹。

2. 将鸡放入砂锅，加水适量，炖至鸡肉熟烂，加食盐调味，即可食用。

【功效与主治】补气健脾，养血和血。适用于虚劳、血证等疾病。对气血双亏、久病体虚所致的四肢无力、神疲倦怠、食少纳呆、爪甲色淡、口唇不荣、面色不华、睡眠不佳、筋脉拘挛等症状有一定疗效。现代医学研究表明，本方对慢性消耗性疾病、营养不良、贫血等病症有一定防治作用。

【膳食服法】餐时服用。

黄芪配猪肝 健脾益气，养血柔肝

黄芪猪肝汤

【食药材】炙黄芪10克，猪肝500克，盐等调味品适量。

【膳食制法】

1. 将炙黄芪洗净，用纱布包好，放入砂锅，加清水适量，武火烧开，文火煎至30分钟，去渣取汁，备用。

2. 将猪肝洗净，切片。

3. 将药汁放入砂锅，加清水适量，武火烧开，加入肝片，煮至猪肝熟，加食盐调味，即可食用。

【功效与主治】健脾益气，养血柔肝。适用于眩晕、夜盲等疾病。对肝虚血少所致的视物昏花、头晕目眩、筋脉拘急、时有心烦等症状，以及脾气亏虚所致的周身乏力、少气懒言、大便溏薄等症状有一定疗效。现代医学研究表明，本方对白内障、近视、贫血等病症有一定防治作用。

【膳食服法】餐时服用。

黄芪配羊肚　健脾益气，固表止汗

【食材介绍——羊肚】

羊肚为牛科动物山羊或绵羊的胃。羊肚含有蛋白质、脂肪、碳水化合物、维生素B_1、维生素B_2、烟酸、尼克酸、钙、磷、铁等多种成分。中医认为，羊肚味甘，性温，归脾、胃经，具有健脾胃、补虚损的功效。现代医学研究表明，在离乳前仔羊胃黏膜中可提取消食素，内含有胃蛋白酶、凝乳酶、胃黏膜素等成分，其对制止乳幼儿吐奶和促进食欲有显著疗效。羊肚富含蛋白质、脂肪、维生素等物质，可以有效补充人体所需营养，常食有利于人体生长发育。一般人均可食用羊肚，尤其适宜于体弱多病、食欲不振、反胃、盗汗、尿频等人群。

黄芪黑豆羊肚粥

【食药材】炙黄芪20克，羊肚1个，黑豆50克，粳米200克，食盐等调味品适量。

【膳食制法】

1. 将羊肚剖开，洗净，切细。

2. 将黑豆、炙黄芪洗净，用纱布包好，放入砂锅，加清水适量，武火烧开，文火煎至30分钟，去渣取汁，备用。

3. 将粳米洗净，入砂锅，加入药汁、羊肚、清水适量，煮至米熟肉烂，加入食盐调味，即可食用。

【功能与主治】补气健脾，固表敛汗。适用于围绝经期综合征、虚劳、汗证等疾病。对久病体虚、卫外不固所致的易于感冒、汗出乏力、语声低微、畏风怕寒、少气懒言、面色㿠白等症状有一定疗效。现代医学研究表明，本方对免疫力低下、更年期综合征、慢性消耗性疾病等病症有一定防治作用。

【膳食服法】餐时服用。

黄芪配鹌鹑　补脾益气，利湿止泻

黄芪蒸鹌鹑

【食药材】炙黄芪10克，鹌鹑2只，姜2片，葱白1节，胡椒粉、盐等调味品适量。

【膳食制法】

1. 将鹌鹑洗净，入沸水中焯下，捞出。
2. 将炙黄芪洗净，放入鹌鹑腹内。
3. 将炙鹌鹑放入碗中，加葱、姜、胡椒粉、盐及少量清水，用湿绵纸封，上屉蒸至肉熟，即可食用。

【功效与主治】补脾益气，利湿止泻。适用于泄泻等疾病。对脾虚失运所致的肠鸣腹泻、胃纳不佳、泛恶呕吐、倦怠少气、身弱体瘦等症状有一定疗效。现代医学研究表明，本方对慢性肠炎、营养不良等病症有一定防治作用。

【膳食服法】餐时服用。

黄芪配虾皮　补脾益气，培补肾气

【食材介绍——虾皮】

虾皮，主要由樱虾科毛虾加工制成。虾皮中含有蛋白质、胆固醇、虾青素、钙、铁、磷、镁、碘等多种成分。中医认为，虾皮味甘、咸，性温，具有补肾壮阳、理气开胃的功效。现代医学研究表明，虾皮含钙量丰富，常食虾皮可以有效补充钙缺乏状况，可防治中老年人骨质疏松及有助于促进儿童、青少年骨骼生长发育。虾皮富含虾青素，虾皮越红虾青素含量越高，虾青素是一种极强的抗氧化剂，可以延缓衰老。虾皮含有大量镁元素，镁保护心血管系统，降低胆固醇含量，能预防动脉硬化、高血压等疾病。虾皮中蛋白质含量高，能为人体新陈代谢提供优质蛋白。一般人均可食用虾皮，尤其适宜老年人、少年、儿童和心血管病、阳痿、不育等人群。过敏者慎用，皮肤病患者不宜单独食用。

黄芪虾皮汤

【食药材】炙黄芪15克，虾皮50克，葱、姜、食盐等调味品适量。

【膳食制法】

1. 将黄芪洗净，纱布包好，放入砂锅，加清水适量，武火烧开，文火煎至30分钟，去渣取汁，备用。

2. 砂锅放入洗净虾皮及药汁，加入适量清水，武火烧开，加入葱、姜、食盐调味，即可食用。

【功效与主治】补脾益气，培补肾气。适用于虚劳、阳痿、遗精、早泄、腰痛、痿证等疾病。对脾肾阳虚所致的腰膝酸痛、腿软无力、性功能减退、神疲乏力、头晕目眩、听力减退、周身乏力、身疲懒言等症状有一定疗效。现代医学研究表明，本方对骨质疏松、男性不育、阳痿、神经衰弱等病症有一定防治作用。

【膳食服法】餐时服用。

黄芪配羊肉　益气健脾，温阳补肾

黄芪羊肉益气汤

【食药材】炙黄芪10克，党参5克，当归5克，川芎3克，羊肉500克，生姜5克，食盐、葱花等调味品适量。

【膳食制法】

1. 将羊肉洗净，切成小块。

2. 将炙黄芪、党参、当归、川芎洗净，用纱布包好。

3. 砂锅加入药包、羊肉、生姜及适量清水，武火烧开，撇肉沫，文火煮至肉烂，拣去药包，加入食盐、葱花调味，即可食用。

【功效与主治】益气补血，温补脾肾。适用于虚劳、汗证、心悸等疾病。

对病后虚弱、脾肾不足所致的时有汗出、神疲倦怠、心慌不适、失眠多梦、头晕眼花、少气懒言等症状有一定疗效。现代医学研究表明，本方对抵抗力减退、植物神经功能紊乱等病症有一定防治作用。

【膳食服法】餐时服用。

黄芪羊肉羹

【食药材】炙黄芪10克，羊肉250克，乌梅5克，西红柿20克，食盐等调味品适量。

【膳食制法】

1. 将羊肉、西红柿、乌梅、炙黄芪洗净，羊肉、西红柿切片，备用。
2. 将炙黄芪、乌梅用纱布包好，放入砂锅，加清水适量，武火烧开，文火煎至30分钟，去渣取汁，备用。
3. 砂锅加入药汁及适量清水，武火烧开，下羊肉片、西红柿片，文火煮至肉烂，加入食盐调味，即可食用。

【功效与主治】温补脾肾，涩肠固脱。适用于泄泻等疾病。对脾肾阳衰所致的久泻不止、大便溏薄或夹有粘液、完谷不化、形寒肢冷、腰膝酸软、神疲倦怠等症状有一定疗效。现代医学研究表明，本方对慢性肠炎、胃肠功能紊乱、溃疡性结肠炎等病症有一定防治作用。

【膳食服法】餐时服用。

【医学分析】膳食中羊肉味甘，性热，能助元阳，补精血，益虚劳。黄芪为补气圣药，功在补气升阳举陷。西红柿生津止渴，开胃消食。乌梅涩肠止泻，以助羊肉、黄芪补益固脱之功。上述食药材相配，共奏温补脾肾、涩肠固脱之效。故服用本品对脾肾阳衰所致的久泻不止、滑脱不禁诸证有一定疗效。

黄芪配丝瓜　健脾益气，活血通络

【食材介绍——丝瓜】

丝瓜为葫芦科植物丝瓜或粤丝瓜的鲜嫩果实。丝瓜含有蛋白质、脂肪、碳水化合物、维生素B_1、维生素C、皂甙、植物粘液、木糖胶、丝瓜苦味质、瓜氨酸、钙、磷、铁等多种成分。中医认为，丝瓜味甘，性凉，归肝、肾经，具有清热化痰、凉血解毒的功效。现代医学研究表明，丝瓜中的维生素B_1、维生素C等物质可以保护皮肤，消除斑块，防止皮肤老化，保持皮肤弹性，是美容佳品。丝瓜中的干扰素诱生剂能诱导人体产生干扰素，促进人体合成免疫蛋白，增强人体免疫功能。丝瓜中含有类似人参中的皂苷类物质，有强心作用，可增强心肌的功能。一般人均可食用丝瓜，尤其适宜于色斑、皮肤粗糙、免疫力低下、咳痰、疮痒肿痛、产后乳汁不通等人群。腹泻者不宜单独食用。

益气活血粥

【食药材】生黄芪10克，桂枝3克，桃仁2克，炒白芍3克，川芎2克，大枣3克，北虫草3克，丝瓜20克，粳米100克，冰糖等调味品适量。

【膳食制法】

1. 将黄芪、炒白芍、桂枝、桃仁、大枣、川芎洗净，用纱布包好，放入砂锅，加清水适量，武火烧开，文火煎至30分钟，去渣取汁，备用。

2. 将丝瓜洗净并切薄片，北虫草洗净，备用。

3. 将粳米洗净，放入砂锅，加入药汁、丝瓜、北虫草及清水适量，煮至粥熟，加冰糖溶化搅匀，即可食用。

【功效与主治】温阳益气，活血通络。适用于眩晕、中风后遗症、头痛等疾病。对气虚血瘀所致的头晕头痛、睡眠不佳、记忆力减退、肢软无力、或偏枯不用、面色萎黄、语言不利等症状有一定疗效。现代医学研究表明，本方对脑动脉硬化、高血压病、脑血管病后遗症等病症有一定防治作用。

【膳食服法】餐时服用。

【医学分析】膳食中黄芪补气，白芍养血，桂枝温经通阳，桃仁、川芎活血散瘀，粳米、大枣健脾补虚，北虫草既可滋阴润肺又可补肾助阳。上述食药材相配，共奏运气养血、化瘀通络之效。故食用本粥对气虚血瘀所致的倦怠无力、肢体偏废、麻木不仁、语言不利、汗出肢冷及中风后遗症等病症有一定疗效。

黄芪配猪肉　健脾补肺，益气养血

黄芪猪肉羹

【食药材】生黄芪10克，枸杞5克，当归5克，大枣5克，猪瘦肉100克，食盐等调味品适量。

【膳食制法】

1. 将黄芪、大枣、枸杞、当归洗净，用纱布包好；猪肉过水焯，切细丝，备用。

2. 将纱布包放入砂锅，加清水适量，武火烧开，文火煎至30分钟，去渣取汁。加入肉丝，文火煮至肉烂，加入食盐调味，即可食用。

【功效与主治】益气养血，活血通络。适用于中风后遗症等疾病。对气血两虚所致的肢体偏废、麻木不仁、口眼歪斜、语言不利、畏寒怕热、气短乏力、面色无华等症状有一定疗效。现代医学研究表明，本方对脑血管病后遗症等病症有一定防治作用。

【膳食服法】餐时服用。

【医学分析】膳食中黄芪补气，当归养血活血通络，猪肉益阴血，枸杞补肝肾，大枣调诸药、补五脏、治虚损。五味相配共奏益气养阴、活血起痿之效。故服用本方对气虚血瘀所致的肢体偏废、麻木不仁、口眼歪斜、语言不利及中风后遗症等病症有一定疗效。

黄芪配鹅肉　补益中气，健脾利水

【食材介绍——鹅肉】

鹅肉，为鸭科动物鹅的肉。鹅肉含有蛋白质、脂肪、维生素A、烟酸、钾、钠、硒等多种成分。中医认为，鹅肉味甘，性平，归脾、肺经，具有益气补虚、和胃止渴的功效。现代医学研究表明，鹅肉含有优质蛋白质，并且是全价蛋白质，其氨基酸组成接近人体所需的比例，包含人体生长发育所必需的各种氨基酸，为人体生长发育提供了优质食材。鹅肉脂肪含量低，不饱和脂肪酸含量高，可以抑制低密度脂蛋白的合成，促进分解血栓，预防脑血栓等心脑血管疾病。此外，在鹅血中提取出了具有抗癌作用的物质，能增强人体体液免疫而产生抗体。一般人均可食用鹅肉，尤其适宜身体虚弱、气血不足、营养不良之人。疮毒、瘙痒症等皮肤疾病患者不宜单独食用。

芪药鹅肉煲

【食药材】炙黄芪15克，山药10克，鹅肉500克，糖、盐、葱、姜等调味品适量。

【膳食制法】

1. 将鹅肉洗净，切小块，放入砂锅。

2. 将山药、炙黄芪洗净，用纱布包好，放入砂锅，加清水适量，武火烧开，文火煮至肉熟。

3. 取出中药纱布包，加入糖、盐、葱、姜调味，即可食用。

【功效与主治】补益中气，健脾利水。适用于水肿等疾病。对脾气亏虚所致的面浮身肿、神疲倦怠、畏寒肢冷、腰困头晕、口渴不欲饮等症状有一定疗效。现代医学研究表明，本方对慢性肾炎等病症有一定防治作用。

【膳食服法】餐时服用。

【医学分析】膳食中黄芪功专补气摄精、利水消肿，可减轻蛋白尿。山药健脾补气，强肾助阳，与鹅肉同食可益气养阴。三味相配共奏益气养阴、利水消肿之效。慢性肾炎长期蛋白尿，形成低蛋白血症，症见面浮身肿、神疲倦怠、畏寒肢冷、腰困头晕、口干不欲饮，属气阴两亏之重症。故食用本方对气阴两虚所致的以大量蛋白尿、水肿久治不消为主症的慢性肾炎等疾病有一定疗效。

黄芪配牛舌　益气升阳，温补脾气

【食材介绍——牛舌】

牛舌，为牛科动物牛的舌头。牛舌含有蛋白质、脂肪、维生素A、维生素E、烟酸、胆固醇、钠、钾、硒、磷等多种成分。中医认为，牛舌具有补脾胃、益气血、强筋骨、消水肿等功效。现代医学研究表明，牛舌钾含量丰富，它可以抑制钠盐摄入，防治高血压，还能保护心肌细胞，有助于维持心跳规律，并协助肌肉正常运动。牛舌营养丰富，常食有利于补充机体所需营养元素，提高机体免疫力。一般人均可食用牛舌，尤其适宜于低血钾、腰酸腿软、水肿、营养不良等人群。

黄芪牛舌粥

【食药材】 炙黄芪15克，大枣10克，牛舌15克，粳米50克，调味品适量。

【膳食制法】

1. 将炙黄芪洗净，用纱布包好，放入砂锅，加清水适量，武火烧开，文火煎至30分钟，去渣取汁，备用。
2. 将牛舌洗净，切成片状。
3. 将牛舌与大枣、粳米放入砂锅，加药汁及清水适量，煮至肉烂粥熟，加入调味品后即可食用。

【功效与主治】 补脾升阳，益气养血。适用于虚劳、不寐、血证等疾病。对心脾两虚所致的神疲倦怠、睡眠不佳、时有心慌、头晕耳鸣、食少纳呆、面色无华、头晕不适等症状，以及气不摄血所致的皮肤紫斑、月经淋漓不净、面色苍白等症状有一定疗效。现代医学研究表明，本方对血小板减少性紫癜、失眠等病症有一定防治作用。

【膳食服法】 餐时服用。

【医学分析】 膳食中黄芪甘温，功专益脾以统血、补气以摄血。大枣补五脏，益虚劳，养血生血。牛舌味苦，性寒，清热解毒。粳米护胃安中。四味相配可补脾升阳，益气摄血。故服用此粥对脾虚气不摄血所致的血小板减少性紫癜、皮肤粘膜出血等病症有一定疗效。

黄芪配乌骨鸡　益气补脾，调经止痛

黄芪蒸乌骨鸡

【食药材】炙黄芪15克，乌骨鸡1只，姜片、葱段、食盐等调味品适量。

【膳食制法】

1. 将乌骨鸡洗净，黄芪洗净，备用。
2. 将炙黄芪、姜片、葱段、食盐纳入鸡腹，入锅蒸烂，即可食用。

【功效与主治】益气补脾，调经止痛。适用于崩漏、月经不调等疾病。对脾气亏虚、冲任失固所致的经血非时而下、淋漓不净、量多色淡、其质稀薄、气短神疲、纳呆食少、少气懒言等症状有一定疗效。现代医学研究表明，本方对功能失调性子宫出血等病症有一定防治作用。

【膳食服法】餐时服用。

【医学分析】膳食中黄芪益气培元，固中摄血。乌骨鸡补肝肾，益气血，退虚热，《本草纲目》称其"治女人崩中带下，虚损诸病"。二味相配共奏益气养阴、固崩调经之效。故食本品对气不摄血之崩漏所致经血非时而下、量多色淡质薄、气短神疲、纳呆食少等病症有一定疗效。

黄芪配牛肉　补脾益肺，益气养血

二黄蒸牛肉

【食药材】炙黄芪10克，当归5克，熟地黄5克，大枣3克，黄牛肉400克，米粉100克，嫩豌豆100克，葱花、香菜、胡椒粉、盐、酱油等调味品适量。

【膳食制法】

1. 将炙黄芪、熟地、当归洗净烘干，打细粉备用。

2. 将大枣去核、撕碎，豌豆、牛肉、香菜洗净，牛肉切片，香菜切成小节。

3. 加入清水适量，将酱油、胡椒粉、盐、米粉、枣泥、中药末与牛肉片，调拌均匀。

4. 将豌豆置于碗底，牛肉在上，入笼蒸熟取出，撒上葱花、香菜，即可食用。

【功效与主治】补脾益肺，益气养血。适用于咳嗽、眩晕、不寐等疾病。对肺气不足所致的咳嗽气短、声低气怯、自汗畏风、易于感冒和脾气亏虚所致的面色萎黄、食少便溏、肌肉消瘦等症状，以及气血不足所致的头晕心慌、睡眠不佳、记忆力减退、少气懒言等症状有一定疗效。现代医学研究表明，本方对失眠等病症有一定防治作用。

【膳食服法】餐时服用。

补中益气牛肉汤

【食药材】炙黄芪10克，当归5克，白术5克，党参5克，升麻3克，柴胡3克，陈皮3克，炙甘草3克，牛肉1000克，姜块、葱花、食盐、黄酒、胡椒粉等调味品适量。

【膳食制法】

1. 将当归、白术、柴胡、炙黄芪、升麻、党参、陈皮、炙甘草洗净，用纱布包好，备用。

2. 将牛肉洗净，切成大块。

3. 砂锅加入清水适量，放入牛肉块、药包，武火烧开，撇去浮沫，加姜、葱、黄酒，文火炖熟，拣去中药包、姜、葱，加入食盐、胡椒粉调味，即可食用。

【功效与主治】补脾益胃，益气升阳。适用于泄泻、内伤发热、脱肛等疾病。对脾胃亏虚、中气下陷所致的泻下不止、久泄脱肛、脘腹坠胀、肛门下坠感、累后发热、食少便溏、少气懒言等症状有一定疗效。现代医学研究表明，本方对慢性肠炎、肠易激综合征、胃肠功能紊乱、脱肛等病症有一定防治作用。

【膳食服法】餐时服用。

【附注】感冒发热者不宜食用。

黄芪配鸡胗　健脾消食，和胃止痛

四宝鸡胗粥

【食药材】炙黄芪6克，赤小豆3克，炒薏苡仁10克，白扁豆10克，鸡胗30克，糯米80克，盐等调味品适量。

【膳食制法】

1. 将炙黄芪洗净，用纱布包好，放入砂锅，加清水适量，武火烧开，文火煎至30分钟，去渣取汁，备用。
2. 将薏苡仁、赤小豆、白扁豆洗净，鸡胗焯水后切细丝，备用。
3. 将糯米洗净，放入砂锅，加入药汁、薏苡仁、赤小豆、白扁豆、鸡胗，煮至粥熟，加盐调味，即可食用。

【功效与主治】和胃止痛，健脾利水。适用于胃痛、水肿等疾病。对脾阳不足所致的周身浮肿、神疲肢倦、纳少便溏、脘腹闷胀、小便不利、胃脘疼痛、空腹痛甚、得食则缓等症状有一定疗效。现代医学研究表明，本方对胃及十二指肠溃疡、胃炎、水肿等病症有一定防治作用。

【膳食服法】餐时服用。

黄芪配鲫鱼　温中补虚，利水消肿

【食材介绍——鲫鱼】

鲫鱼，为鲤科淡水鱼。鲫鱼含有蛋白质、脂肪、维生素B_{12}、维生素D、钙、磷、铁等多种成分。中医认为，鲫鱼味甘，性平，归脾、胃、大肠经，具有健脾和胃、利水消肿的功效。现代医学研究表明，鲫鱼含有优质蛋白，易被人体消化吸收，是体弱多病、肝肾疾病、心脑血管疾病等患者良好的蛋白质来源，这种优质蛋白还能强化肌肤的弹力，保持皮肤紧致。鲫鱼只含少量脂肪，肉鲜嫩而不腻，有利于肥胖者减肥的同时补充蛋白质。此外，鲫鱼还能下乳，鲫鱼子能补肝养目，鲫鱼胆有健脑益智的作用。一般人均可食用鲫鱼，尤其适宜于慢性肾炎水肿、营养不良性浮肿、肝硬化腹水、食欲不振、慢性腹泻等人群。感冒、发热者不宜单独食用。

芪苓烧鲫鱼

【食药材】炙黄芪10克，茯苓5克，鲫鱼1尾500克，猪肥瘦肉50克，黄酒50克，葱15克，姜片15克，酱油20克，淀粉、猪油、食盐等调味品适量。

【膳食制法】

1. 将鲫鱼去鳞洗净，猪肥瘦肉洗净并切成小粒。
2. 将炙黄芪、茯苓洗净烘干，制成粉末混入食盐，与猪肉粒拌匀，灌入鲫鱼腹中，淀粉封鱼腹。
3. 炒锅置旺火上，下猪油烧至五成热，放入鲫鱼，煎两面至黄，放入黄酒，加酱油、葱、姜片、适量清水，烧开，移置文火，慢炖至熟，拣去姜、葱。
4. 鲫鱼盛盘，原汤下锅烧开，加葱、淀粉勾成芡汁，浇于鱼身，即可食用。

【功效与主治】温中补虚，利水消肿。适用于水肿、带下病等疾病。对脾气亏虚所致的带下量多、质稀无味、神疲倦怠、四肢不温、肢体浮肿、脘腹胀闷、大便稀薄等症状有一定疗效。现代医学研究表明，本方对宫颈炎、盆腔炎、水肿等病症有一定防治作用。

【膳食服法】餐时服用。

黄芪配咖啡　健脾益肺，益气固表

益气咖啡

【食药材】生黄芪5克，党参5克，砂仁3克，咖啡豆15克，白砂糖6克，水200毫升。

【膳食制法】

1. 将生黄芪、党参、砂仁洗净，捣碎后加水煎煮，过滤后的液汁缩制成浓度为0.7克/毫升的提取液。

2. 咖啡豆磨成粉末。

3. 再将提取液加水混匀后，与咖啡粉及白砂糖混合煎煮30分钟，即可饮用。

【功效与主治】健脾益肺，益气固表。适用于虚劳等疾病。对劳累过度所致的神疲乏力、食欲不振、气短懒言、语声低微、头晕耳鸣、昏昏欲睡、两眼昏花、四肢无力、小便清长、大便溏薄等症状有一定疗效。现代医学研究表明，本方对慢性消耗性疾病、亚健康状态等病症有一定防治作用。

【膳食服法】空腹服用。

抗感咖啡

【食药材】生黄芪3克，白术2克，防风1克，咖啡豆15克，白砂糖6克，水200毫升。

【膳食制法】

1. 将生黄芪、白术、防风洗净，捣碎后加水煎煮，过滤后的液汁缩制成浓度为0.7克/毫升的提取液。

2. 咖啡豆磨成粉末。

3. 再将提取液加水混匀后，与咖啡粉及白砂糖混合煎煮30分钟，即可饮用。

【功效与主治】益气祛邪，固表止汗。适用于感冒等疾病。对肺卫不固、感受外邪所致的鼻塞流涕、咳嗽喷嚏、咽痒不舒、周身酸楚、恶寒发热或汗出恶风、易于感冒等症状有一定疗效。现代医学研究表明，本方对普通感冒、抵抗力低下等病症有一定防治作用。

【膳食服法】空腹服用。

党参

【来源】桔梗科植物党参、素花党参或川党参的干燥根。

【性味归经】甘，平。归脾、肺经。

【功效与主治】补益肺脾，养血生津。适用于肺脾气虚所致的食少便溏、咳嗽气喘、语声低弱、脱肛、子宫脱垂等症状，以及气血两虚所致的头晕心悸、面色萎黄或苍白等症状。现代医学研究表明，党参有改善记忆力、抗缺氧、抗溃疡、增强机体免疫力疗效。

【药理成分】含有皂苷、糖类、蛋白质、维生素B、淀粉及少量生物碱等。

【附注】忌与藜芦同用。

党参配冬瓜　益气健脾，行气利水

参芪鸡丝蒸冬瓜

【食药材】党参5克，炙黄芪3克，冬瓜1000克，鸡肉200克，盐、黄酒等调味品适量。

【膳食制法】

1. 将党参、炙黄芪洗净，冬瓜去皮、瓤并横切成块，鸡肉洗净并切丝。
2. 将冬瓜放在汤碗中，党参、炙黄芪放于冬瓜上，加入鸡丝、盐、黄酒，加水适量。
3. 将冬瓜碗置于蒸锅中，蒸鸡肉至熟，即可食用。

【功效与主治】益气健脾，行气利水。适用于泄泻、水肿等疾病。对脾虚湿盛所致的大便溏泄、便次增多、水谷不化、纳呆腹胀、脘闷不舒或头昏沉重、昏昏欲睡、肢体浮肿等症状有一定疗效。现代医学研究表明，本方对慢性肠炎、嗜睡、水肿等病症有一定防治作用。

【膳食服法】餐时服用。

党参配鳝鱼　益气健脾，除湿通痹

参蒸鳝段

【食药材】党参5克，当归3克，鳝鱼1000克，熟火腿150克，清鸡汤200克，食盐、料酒、葱、生姜、胡椒粉等调味品适量。

【膳食制法】

1. 将鳝鱼洗净，去头和尾，切段。
2. 将生姜切片，葱切段，熟火腿肉切成大片。

3. 砂锅内加清水适量，加生姜、料酒、葱，煮至水沸，将鳝鱼段放入沸汤，稍烫即捞出，放于蒸盘，鱼上放火腿片。

4. 将洗净的党参、当归与姜片、葱段、胡椒粉、料酒、食盐放入盘内，加入鸡汤，置于蒸锅中，武火烧开，文火蒸至鱼熟，即可食用。

【功效与主治】益气健脾，除湿通痹。适用于虚劳、痹证、痿证等疾病。对久病劳倦、脾胃虚弱所致的肢体软弱、肌肉萎缩、少气懒言、纳呆食少、食少便溏、关节疼痛或酸楚、肌肤麻木或随气候变化加重等症状有一定疗效。现代医学研究表明，本方对慢性消耗性疾病、类风湿性关节炎、骨关节炎、肌无力等病症有一定防治作用。

【膳食服法】餐时服用。

党参配猪肘　益气健脾，温中补虚

党参黄精煨猪肘

【食药材】党参10克，黄精5克，红枣5枚，生姜10克，猪肘750克，盐、葱花等调味品适量。

【膳食制法】

1. 将猪肘洗净、划刀，党参、黄精洗净并用纱布包好，红枣洗净，姜切片。

2. 将猪肘、药包、红枣、姜片同入砂锅，加清水适量，置武火烧沸，撇去浮沫，移至文火，煮至肉将熟，加入盐煮至肉熟。

3. 除去药包，将肘、汤同装入碗，撒上葱花，即可食用。

【功效与主治】健脾补肾，温中补虚。适用于崩漏、月经过少、月经不调、眩晕、心悸等疾病。对脾肾不足、气血两虚所致的头晕头痛、心慌不适、月经量少、质稀色淡、月经或前或后、经血非时而下、淋漓不断、神疲食差、腰酸耳鸣等症状有一定疗效。现代医学研究表明，本方对耳鸣、贫血、功能失调性子宫出血、月经不调、心律失常等病症有一定防治作用。

【膳食服法】餐时服用。

党参配鸡肉　温补脾肺，益气养血

党参莲花鸡片汤

【食药材】党参15克，炒薏苡仁50克，雪莲花5克，鸡肉500克，生姜5克，葱白5克，食盐等调味品适量。

【膳食制法】

1. 将党参、雪莲花、薏苡仁洗净，纱布包好。鸡肉洗净，切片。

2. 在砂锅中放入鸡肉、药包、生姜、葱白，加水适量，武火煮沸，撇去浮沫，文火炖至鸡肉熟烂。

3. 加食盐调味，去纱布包，即可食用。

【功效与主治】补益脾肾，祛风除湿。适用于阳痿、早泄、月经不调、痹证、水肿等疾病。对脾肾虚寒所致的性功能减退、腰膝酸软、纳差乏力、畏寒肢冷、肢体浮肿，或小便不利、点滴而出，或妇女行经前后不定、色淡质稀，或关节酸痛随气候变化，或劳累加重等症状有一定疗效。现代医学研究表明，本方对月经不调、类风湿性关节炎、阳痿早泄等病症有一定防治作用。

【膳食服法】餐时服用。

参术四物烤全鸡

【食药材】党参15克，白术5克，当归5克，白芍5克，熟地5克，川芎3克，母鸡1000克，猪肥瘦肉丝80克，泡红辣椒丝5克，冬菜节50克，生姜5克，葱丝5克，酱油5克，植物油35克，饴糖、黄酒、盐等调味品适量。

【膳食制法】

1. 将鸡洗净。上述中药洗净烘干，打成粉末，以黄酒调拌均匀，于鸡腹内抹匀。

2. 炒锅置中火上，下植物油烧至六成热，将冬菜节、肉丝、泡辣椒、姜丝、葱丝、酱油、盐入锅中炒香，放入鸡腹内。

3. 将饴糖抹于鸡身上，放入烤箱烤熟，取出腹内佐料，即可食用。

【功效与主治】温中健脾，益气补血。适用于腹痛、月经不调、痿证等疾病。对营血不足或脾气亏虚所致的腹部疼痛、绵绵不休、喜温喜按、形寒肢冷、纳差懒言，或妇女行经前后不定、色淡质稀，或四肢无力、肌肉萎缩、肢倦神疲等症状有一定疗效。现代医学研究表明，本方对月经不调、肠易激综合征、胃肠痉挛、肌无力等病症有一定防治作用。

【膳食服法】餐时服用。

【附注】外感发热者慎食。

党参配鸭肉　益气养阴，健脾益肺

六君蒸鸭

【食药材】党参10克，白术5克，茯苓5克，炙甘草3克，木香3克，砂仁3克，鸭1000克，鲜汤500克，姜、葱、黄酒、食盐等调味品适量。

【膳食制法】

1. 将活鸭宰杀洗净，入沸水中滚一遍捞起，鸭翅盘向背部。

2. 将党参、白术、茯苓、炙甘草、木香、砂仁洗净，纱布包好，放入鸭腹内，用线将鸭腹绑好。

3. 将鸭子放进蒸碗内，加姜、黄酒、葱、鲜汤各适量，湿绵纸封住碗口。上屉武火烧开，文火蒸至鸭熟，取出鸭腹内药包，用食盐、葱末调味，即可食用。

【功能与主治】益气养阴，健脾益肺。适用于泄泻、内伤发热、痿证等疾病。对脾胃气虚、运化无力所致的面色萎黄、大便溏薄、四肢无力、神疲倦怠、气短懒言等症状，以及气阴两虚所致的五心烦热、盗汗潮热、烦躁不安、少寐多汗等症状有一定疗效。现代医学研究表明，本方对慢性肠炎、肠易激综合征、功能性低热、肌无力等病症有一定防治作用。

【膳食服法】餐时服用。

【附注】感冒发热者慎用。

党参配糯米　补气健脾，和胃止痛

党参山药糯米粥

【食药材】党参6克，生淮山药10克，糯米50克。

【膳食制法】

1. 将党参洗净，纱布包好，放入砂锅，加清水适量，武火烧开，文火煎至30分钟，去渣取汁，备用。

2. 将糯米及山药放入砂锅内，加药汁及清水适量，煮至粥熟，即可食用。

【功效与主治】补气健脾，和胃止痛。适用于腹痛、胃痛等疾病。对脾胃不足所致的嗳腐吞酸、呕吐恶心、食少纳差、便溏肠鸣、胃脘疼痛、喜揉喜按、倦怠乏力等症状有一定疗效。现代医学研究表明，本方对慢性肠炎、肠易激综合征等病症有一定防治作用。

【膳食服法】餐时服用。

【附注】感冒发热者慎食。

参芪地黄糯米粥

【食药材】党参5克，炙黄芪3克，熟地3克，红枣10枚，糯米50克，冰糖等调味品适量。

【膳食制法】

1. 将党参、炙黄芪、熟地、红枣洗净，纱布包好，放入砂锅，加清水适量，武火烧开，文火煎至30分钟，去渣取汁，备用。

2. 将糯米洗净，加药汁及清水适量，煮至粥熟，加冰糖适量，溶化搅匀，即可服用。

【功效与主治】补气养血，健脾生肌。适用于褥疮等疾病。对气血两虚所致的腐肉难脱、愈合缓慢或皮肤溃后脓清、形体消瘦、精神倦怠、面色无华等症状有一定疗效。现代医学研究表明，本方对褥疮等病症有一定防治作用。

【膳食服法】餐时服用。

【医学分析】膳食中党参健脾补中以益化源，黄芪补气，熟地补肾益精。《食疗本草》称红枣调和诸药，为肥中益气第一品。糯米护卫安中而补虚损。五味合用，共奏补气养血、托里生肌之效。服用本粥对气血两虚所致的瘰疬、褥疮等疾病有一定疗效，而瘰疬疮痈久不收口者，多属元气虚惫，故用参芪地黄糯米粥补气养血，托里生肌。

党参配猪尾巴　益气补中，补益肾阳

【食材介绍——猪尾巴】

猪尾巴，又名皮打皮、节节香，为猪科动物猪的尾巴。猪尾巴含有胶原蛋白、脂肪、维生素B_1、维生素E、钙、镁、钾、磷等多种成分。中医认为，猪尾巴具有补腰力、益骨髓的功效。现代医学研究表明，猪尾巴富含胶原蛋白，是养颜美容的上好食材，猪尾巴中的丰富蛋白质还是女性丰胸的优良选择，故女性适宜多食用猪尾巴。猪尾巴的骨髓内含丰富的钙元素，常食猪尾巴有利于补充人体骨骼发育所需的钙，适合青少年食用，老年人常食猪尾巴可以缓解骨质疏松的状况。一般人均可食用猪尾巴，尤其适合于腰酸背痛、骨质疏松、青少年、老年人及有丰胸美容需求的女性等人群。

党参猪尾汤

【食药材】党参10克，益智仁5克，陈皮3克，白术3克，法半夏3克，生姜5克，猪尾4条，盐等调味品适量。

【膳食制法】

1. 将猪尾洗净，剁成短段，放于砂锅中。
2. 将党参、陈皮、半夏、白术、益智仁洗净，用纱布包好，与生姜一起放入砂锅。
3. 将砂锅加水适量，武火煮沸，文火煮猪尾至熟，加入食盐调味，去药包，即可食用。

【功效与适应证】补益肾阳，温脾摄唾。适用于泄泻、流涎等疾病。对脾肾虚寒所致的口角流涎、小便清长、大便溏薄、面白唇淡、腰酸腿软、畏寒肢冷等症状有一定疗效。现代医学研究表明，本方对慢性肠炎等病症有一定防治作用。

【膳食服法】餐时服用。

【医学分析】膳食中益智仁性味辛温，既能暖脾止泻摄唾，又能温肾缩尿止遗，为治脾肾虚寒所致遗尿、流涎过多、泄泻的常用要药。《杂病源流犀烛》中说："唾为肾液，而肾为胃关，故肾家之唾病，必见于胃。"其能温肾暖脾，脾肾健旺则能摄涎唾，而时唾清涎可愈。再配以补脾益气的党参、白术，既可补脾气之虚，又能健运脾湿。再伍以半夏、陈皮、生姜，既可燥脾经之湿，又可理气温中。辅以猪尾，共奏益肾健脾、温摄涎唾之效。现代医学研究表明，服用本品对脾肾虚寒所致的小儿脾胃虚寒、流涎过多、泄泻等病症有一定疗效。

【附注】小儿流涎伴见大便干结者慎用。

党参配猪心　健脾益肺，宁神定志

参归猪心

【食药材】党参15克，当归5克，猪心1具，椒盐等调味品适量。

【膳食制法】

1. 将猪心洗净去血，备用。

2. 将党参、当归洗净，用纱布包好，放入砂锅，放入猪心，加清水适量，武火烧开，文火煎煮猪心至熟，备用。

3. 将猪心取出切片，蘸椒盐，即可食用。

【功效与主治】健脾益肺，宁神定志。适用于不寐、汗证、心悸等疾病。对心血不足所致的动后汗出、夜间汗出、心慌易惊、少寐多梦、神疲语怯、面色不华等症状有一定疗效。现代医学研究表明，本方对心律失常、失眠、更年期综合征、植物神经功能紊乱等病症有一定防治作用。

【膳食服法】餐时服用。

【医学分析】膳食中党参性味甘平，补脾肺气，补血生津。当归性味甘温，补血活血。两药相配辅以猪心，共奏补血益气、养心敛汗之功效。服用本方对心血不足所致的心悸、不寐等病症有一定疗效。可加入适量的酸枣仁、白芍，使敛汗与安眠的作用明显增强。如心血虚较重者，可加入龙眼肉、枸杞子，以补心血。

党参配猪肝　补心宁神，养血柔肝

党参补血猪肝

【食药材】党参5克，鸡血藤3克，炒酸枣仁3克，芡粉10克，猪肝200克，姜、葱、糖、酱油、黄酒等调味品适量。

【膳食制法】

1. 将党参、鸡血藤洗净，炒酸枣仁洗净打碎，用纱布包好，放入砂锅，加清水适量，武火烧开，文火煎30分钟，去渣取汁，备用。

2. 将猪肝洗净，放于砂锅中，加药汁及清水适量，武火烧开，文火煎猪肝至熟，猪肝切薄片，备用。

3. 将油锅烧热，加油烧至七成熟，放葱、姜煸香，放入猪肝片，入盐、糖、酱油、黄酒等调味品适量，加少许原汁，勾入芡粉，即可食用。

【功效与主治】补心宁神，养血柔肝。适用于心悸、不寐、眩晕等疾病。对气血虚弱所致的心慌不适、少寐多梦、肢倦乏力、气短懒言、时有头晕等症状有一定疗效。现代医学研究表明，本方对心律失常、失眠等病症有一定防治作用。

【膳食服法】餐时服用。

参归枣仁猪肝汤

【食药材】党参10克，当归5克，炒酸枣仁5克，猪肝200克，生姜、葱白、料酒、食盐等调味品适量。

【膳食制法】

1. 将党参、当归洗净，炒酸枣仁洗净打碎，用纱布包好，放入砂锅，加清水适量，武火烧开，文火煎30分钟，去渣取汁，备用。

2. 将猪肝切片，用料酒、食盐拌匀，备用。

3. 将砂锅放入药汁，加生姜、葱段、料酒及清水适量，煮沸，放入猪肝片。

4. 待肝片至熟，加食盐适量，即可食用。

【功效与主治】健脾益气，滋阴补血。适用于眩晕、心悸、不寐等疾病。对心肝血虚所致的心悸易惊、睡眠不佳、记忆力减退、面色萎黄、头晕目眩、视物昏花等症状有一定疗效。现代医学研究表明，本方对心律失常、失眠、近视等病症有一定防治作用。

【膳食服法】餐时服用。

【医学分析】膳食中，猪肝能养血补肝，为治血虚萎黄等症的常用食品。党参、当归、炒酸枣仁，能补益气血，养心安神。四味相配共奏补益肝血、养心宁神之效。服用本品对心肝血虚所致的眩晕、心悸、不寐等病症有一定疗效。

党参配粳米　益气健脾，温中补虚

参芪大枣粳米粥

【食药材】党参10克，炙黄芪5克，大枣10克，粳米100克。

【膳食制法】

1. 将党参、炙黄芪、大枣洗净，用纱布包好，放入砂锅，加清水适量，武火烧开，文火煎30分钟，去渣取汁，备用。

2. 将粳米洗净，加药汁及清水适量，煮至粥熟，即可食用。

【功效与主治】健脾温中，补气养血。适用于眩晕、月经先期、月经量少、虚劳等疾病。对气血亏虚导致的头晕目眩、劳则加重、唇爪不华、心慌不适、夜眠不佳、经期提前、月经量少、倦怠乏力、少气懒言、身体瘦弱等症状有一定疗效。现代医学研究表明，本方对眩晕、贫血、闭经等病症有一定防治作用。

【膳食服法】餐时服用。

【医学分析】膳食中参、芪、枣、粳米均为健脾补气、养血调经之品。脾主统血，气主摄血，脾虚气弱，则血失统摄。四味相配共奏补血调经、补气养血之效。故服用本粥对气血亏虚所致的眩晕、月经先期、月经量少、虚劳等病症有一定疗效。

参枣粳米饭

【食药材】党参6克，大枣10克，粳米250克，白糖适量。

【膳食用法】

1. 将党参、大枣洗净，用纱布包好，放入砂锅，加清水适量，武火烧开，文火煎30分钟，去渣取汁，备用。
2. 将粳米淘净，加水适量蒸熟，扣在盘中。
3. 将参枣液加白糖搅匀，煮黏，浇于饭上，即可食用。

【功效与主治】补气养胃，健脾温中。适用于虚劳等疾病。对脾胃虚弱所致的食少纳差、神疲倦怠、面色少华、身体瘦弱等症状，以及月经过多所致面色苍白、心慌气短等症状有一定疗效。现代医学研究表明，本方对营养不良、贫血等病症有一定防治作用。

【膳食服法】餐时服用。

【附注】糖尿病患者不宜放糖。

党参配猪蹄　益气养血，通经下乳

【食材介绍——猪蹄】

猪蹄，为猪科动物猪的蹄。猪蹄含有胶原蛋白、脂肪、胆固醇、维生素B_1、维生素E、钙、镁、钾、铁等多种成分。中医认为，猪蹄味甘、咸，性平，归胃经，具有补气血、润肌肤、通乳汁、托疮毒的功效。现代医学研究表明，猪蹄含有大量的胶原蛋白，常食猪蹄可以促进毛皮生长，并能改善机体生理功能，润泽皮肤，延缓皮肤衰老。猪蹄中也含有丰富的矿物质、胶原蛋白和钙均有利于青少年生长发育和预防老年人骨质疏松。胶原蛋白还能增强血管的弹性，可改善血液循环，防治心血管疾病。此外，猪蹄还可以催乳和防治贫血。猪蹄的脂肪含量也比肥肉低，较肥肉更适合减肥者食用。一般人均可食用猪蹄，尤其适宜于老人及青少年贫血、骨质疏松、产后缺乳等人群。消化功能较差者不宜单独食用。

党参猪蹄通乳汤

【食药材】党参10克，当归5克，炙黄芪5克，通草5克，猪蹄2只，食盐、虾米等调味品适量。

【膳食制法】

1. 将党参、当归、炙黄芪、通草洗净，用纱布包好，放入砂锅。
2. 将猪蹄洗净，划刀，与虾米同锅炖至肉烂，去药袋，加食盐调味，即可食用。

【功效与主治】益气养血，通经下乳。适用于缺乳等疾病。对气血两亏所致的产后无乳或乳少、乳汁清稀、乳房柔软、食少神疲、面色少华等症状有一定疗效。现代医学研究表明，本方对产后缺乳、泌乳过少等病症有一定防治作用。

【膳食服法】餐时服用。

【医学分析】膳食中，参、芪、归补气益血，脾土健则生化有源。通草利气宣络，虾米益精下乳，猪蹄补血益精生乳。六味相配共奏补气养血、通经下乳之效。故食用本品对气血两亏所致的缺乳、产后无乳或乳少清稀、乳房柔软不胀、食少神疲等病症有一定疗效。

党参配牛肉　健脾温中，补肺固表

参芪牛肉煲

【食药材】党参10克，炙黄芪6克，鲜淮山药20克，白术3克，大枣5克，牛肉600克，生姜、葱、食盐等调味品适量。

【膳食制法】

1. 将牛肉洗净，入沸水中，3分钟后捞起洗净，按肉纹横切成肉条。
2. 将党参、黄芪、白术洗净，用纱布包好，放入砂锅。
3. 砂锅置武火，加清水适量，加入牛肉，烧开，撇去浮沫，加纱布包、姜、葱、山药、大枣，文火煮至肉熟，拣去布包，加入食盐调味，即可食用。

【功效与主治】健脾温中，补肺固表。适用于泄泻、汗证等疾病。对脾胃不足所致的大便溏薄、食少纳差、乏力倦怠、少气懒言等症状，以及卫气失固所致的汗出恶风、劳则尤甚、易于感冒等症状有一定疗效。现代医学研究表明，本方对植物神经功能紊乱、肠易激综合征、慢性肠炎等病症有一定防治作用。

【膳食服法】餐时服用。

【附注】发热者不宜食用。

党参配牛肚　健脾益气，温胃止呕

【食材介绍——牛肚】

牛肚，为牛科动物牛的胃。牛肚含有蛋白质、脂肪、硫胺素、核黄素、尼克酸、钙、磷、铁等多种成分。中医认为，牛肚味甘、性温，归脾、胃经，具有补益脾胃、补气养血、补虚益精的功效。现代医学研究表明，牛肚富含优质蛋白，脂肪含量很低，适宜减肥者食用。牛肚含有蛋白质及多种微量元素，营养丰富，常食可有效补充人体所需物质，提高免疫力。尤其适宜于久病体虚、营养不良、脾胃虚弱、减肥者等人群食用。

党参牛肚汤

【食药材】党参10克，炙黄芪5克，炒白术5克，当归5克，柴胡3克，法半夏2克，砂仁3克，广木香2克，炙甘草3克，陈皮3克，茯苓3克，牛肚600克，大枣5克，姜块10克，葱节20克，鲜汤2000克，黄酒、食盐、胡椒、花椒等调味品适量。

【膳食制法】

1. 将上述中药洗净，用纱布包好，放入砂锅，加清水适量，武火烧开，文火煎30分钟，去渣取汁，备用。
2. 将牛肚洗干净，入开水氽，切成长条。
3. 砂锅置武火上，放入牛肚条、鲜汤，水开撇去浮沫，加入药汁、大枣、姜、葱、花椒、黄酒，文火炖至肚熟，去姜、花椒、葱等，加入胡椒、食盐调味，即可食用。

【功效与主治】补脾益气，除湿化饮。适用于痰饮、呕吐、痞满等疾病。对脾虚湿盛所致的嗳气吞酸、恶心呕吐、胃有振水声、脘腹闷胀、头重肢倦、乏力气短等症状有一定疗效。现代医学研究表明，本方对呕吐、慢性胃炎、消化不良等病症有一定防治作用。

【膳食服法】餐时服用。

【附注】发热者慎用。

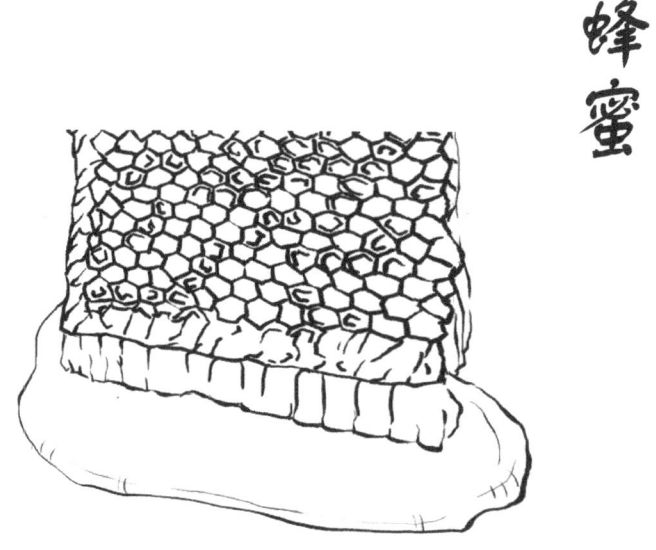

蜂蜜

【来源】蜜蜂科中华蜜蜂等昆虫所酿的蜜。

【性味归经】甘，平。归脾、肺、大肠经。

【功效与主治】补中缓急，润肺止咳，滑肠通便，解毒生肌。适用于脾胃虚弱所致的胃脘疼痛、空腹痛甚、食后痛缓等症状，以及肺虚所致的咳嗽日久、咽燥痰少、气短乏力、肠燥便秘等症状。现代医学研究表明，蜂蜜对治疗眼睑炎、溃疡、皮炎、湿疹、冻疮等病症具有一定疗效。

【药理成分】含有果糖、葡萄糖、蔗糖、糊精、麦芽糖、树胶，以及含氮化合物、挥发油、有机酸、酵母、色素、酶、无机盐等。

【附注】湿热痰盛、中满痞胀及便溏者不宜单独食用。

蜂蜜配香油　润肠增液，通利大便

蜂蜜香油饮

【食药材】蜂蜜10克，香油5克，西芹50克。

【膳食制法】

1. 将西芹打碎榨汁。
2. 将蜂蜜与香油倒入碗中，加入西芹汁，搅拌均匀。
3. 用适量开水冲调，即可饮用。

【功效与主治】润肠增液，通利大便。适用于便秘等疾病。对肠燥津亏所致的大便干结、排便困难或周期延长等症状有一定疗效。现代医学研究表明，本方对功能性便秘、肠蠕动减缓导致的便秘、药物性便秘等病症有一定防治作用。

【膳食服法】代茶饮。

蜂蜜配牛奶　滋阴润燥，润肠通便

蜂蜜桂花蒸蛋奶

【食药材】蜂蜜10克，纯牛奶200毫升，鸡蛋1个，干桂花适量。

【膳食制法】

1. 将鸡蛋打碎，取出蛋清。
2. 将蛋清和牛奶充分搅拌均匀，倒入碗内，碗面覆保鲜膜密封。
3. 将蒸锅加水烧开，碗放锅内，武火蒸15分钟开盖，去保鲜膜，放至温热。
4. 将蜂蜜与桂花调和，放入蒸锅内，用余温焖3分钟取出，浇于蛋奶表面，即可食用。

【功效与主治】滋阴润燥，润肠通便。适用于便秘等疾病。对阴津不足所致的大便干结、排便困难、心烦少寐、潮热盗汗等症状有一定疗效。现代医学研究表明，本方对功能性便秘、肠蠕动减缓导致的便秘、药物性便秘等病症有一定防治作用。

【膳食服法】餐时服用。

蜂蜜配苹果　润喉止痒，清热利咽

蜂蜜苹果饮

【食药材】蜂蜜10克，苹果1个，大枣5克。

【膳食制法】

1. 将苹果洗净，去皮，切成小块。
2. 砂锅加清水适量和苹果、红枣，武火煮沸，文火煮苹果至熟。
3. 将煮好苹果盛出，加入蜂蜜调味，即可食用。

【功效与主治】润喉止痒，清热利咽。适用于咳嗽、喉痹等疾病。对肺阴亏虚所致的咳嗽痰少或带血丝、咽部黏着、咽燥微痛、声音嘶哑等症状有一定疗效。现代医学研究表明，本方对慢性咽炎、咳嗽、急慢性支气管炎等病症有一定防治作用。

【膳食服法】餐时服用。

蜂蜜配羊奶　滋阴养胃，润肠通便

羊奶蜂蜜饮

【食药材】蜂蜜30克，竹沥10克，羊奶300毫升，韭菜汁10毫升。

【膳食制法】

1. 将羊奶倒入锅内，以文火烧煮。

2. 待羊奶煮沸加入竹沥、蜂蜜和韭菜汁，二度加热至沸腾后，即可饮用。

【功效与主治】滋阴养胃，润肠通便。适用于胃痛、郁证、便秘、呕吐等疾病。对胃阴不足所致的不思饮食、胃中嘈杂、口干喜饮和胸中痰气郁结所致的满闷不舒、咽中有痰、咳之不出等症状，以及阴津不足所致大便秘结、腹部胀满等症状有一定疗效。

【膳食服法】餐时服用。

蜂蜜配白萝卜　润肺止咳，下气平喘

蜂蜜枸杞萝卜盅

【食药材】蜂蜜10克，枸杞6克，白萝卜250克。

【膳食制法】

1. 将白萝卜去头尾、外皮，切成段。将枸杞用清水浸泡至软。

2. 每段白萝卜上切0.5厘米的厚片作盖子，用勺子在白萝卜中间挖洞，制成萝卜盅。

3. 将萝卜盅摆放至盘中，往萝卜盅里放入蜂蜜、枸杞，将萝卜盖用牙签刺于其边缘固定，放砂锅用武火烧开，文火清蒸至萝卜熟，即可食用。

【功效与主治】润肺止咳，补肾纳气。适用于咳嗽、喘证等疾病。对肺肾不足所致的咳嗽喘促、呼多吸少、平素畏风、动则汗出、腰酸腿疼等症状有一定疗效。现代医学研究表明，本方对急慢性支气管炎、慢性咽炎、肺气肿等病症有一定防治作用。

【膳食服法】餐时服用。

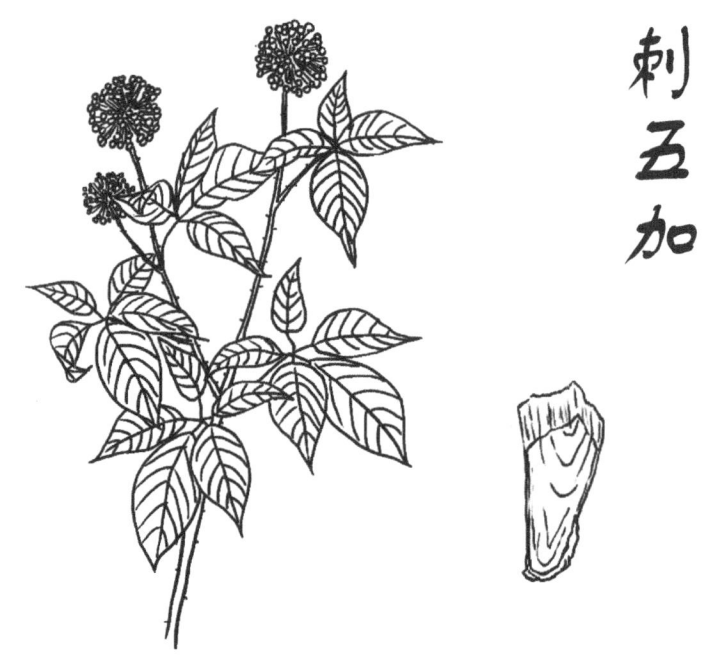

刺五加

【来源】五加科植物刺五加的干燥根或茎。

【性味归经】辛、微苦，温。归脾、肾、心经。

【功效与主治】健脾益气，补肾安神。适用于肺脾气虚所致的倦怠神疲、食少纳差、气虚浮肿、喘咳无力等症状，以及肾虚所致的腰膝酸软、体虚乏力、耳鸣如蝉和心脾两虚所致的不寐健忘、面色少华等症状。现代医学研究表明，刺五加有镇静和抗疲劳的疗效。

【药理成分】含有刺五加苷、松柏醛葡萄糖苷、芥子醛葡萄糖苷、苦杏仁苷及吡喃葡萄糖基等。

【附注】阴虚火旺者不宜单独食用。

刺五加配猪肉　养心安神，益肾健脾

五加蒜泥白肉

【食药材】刺五加15克，猪后腿肉500克，蒜泥10克，辣椒油20毫升，酱油25毫升，麻油、糖等调味品适量。

【膳食制法】

1. 将猪腿肉洗净，切大块，投入锅内，加入洗净刺五加（用布包），武火烧开，文火煮至肉熟，捞出，肉切成薄片。
2. 炒锅内放清水烧开，将肉片入锅，至肉片卷起，捞出装盘。
3. 将蒜泥、糖、酱油、辣椒油、麻油、盐等配成料汁，浇在肉上，即可食用。

【功效与主治】养心安神，益肾健脾。适用于不寐、虚劳等疾病。对久病体弱或过劳体虚所致的神疲乏力、腰腿酸痛、少寐纳差、喘咳无力、身体消瘦、睡眠不佳等症状有一定疗效。现代医学研究表明，本方对慢性消耗性疾病等病症有一定防治作用。

【膳食服法】餐时服用。

【医学分析】膳食中刺五加具有明显的滋补强壮作用，可提高机体的免疫功能，对维持人体的正常生命活动、延缓衰老大有益处。猪腿肉善补体虚而强身保健。大蒜泥具有降低血清胆固醇、甘油三酯及防治动脉粥样硬化、降血糖作用。三味相配共奏养心安神、益肾健脾之效。故食用本品对体虚所致的少寐纳差、身体消瘦等病症有一定疗效。

刺五加饺子

【食药材】鲜刺五加叶100克,猪肉250克,饺子皮若干,油、盐、酱油、葱末、蒜末、姜末等调味品适量。

【膳食制法】

1. 将刺五加叶洗净,沸水焯过,切细末备用。将猪肉剁馅,备用。
2. 将刺五加末、猪肉入盆,加入葱末、姜末、蒜末、油、盐、酱油,顺时针搅拌均匀,调好饺子馅。
3. 包好饺子,煮熟,即可食用。

【功效与主治】养心安神,补气健脾。适用于虚劳、不寐等疾病。对心脾两虚所致的神疲乏力、少气懒言、睡眠不佳、不欲饮食、身体消瘦等症状有一定疗效。现代医学研究表明,本方对慢性消耗性疾病等病症有一定防治作用。

【膳食服法】餐时服用。

刺五加配大白菜 补益肾气,开胃醒脾

凉拌刺五加

【食药材】鲜刺五加叶100克,大白菜50克,大蒜1头,辣椒油、麻油、盐等调味品适量。

【膳食制法】

1. 将刺五加叶、大白菜洗净并用沸水焯过,白菜切丝,大蒜切末,备用。
2. 将刺五加叶、白菜丝加盐、蒜末、麻油和辣椒油,调匀,即可食用。

【功效与主治】补益肾气,开胃醒脾。适用于腹痛、食积证等疾病。对脾肾不足所致的脘腹冷痛、食欲低下、肢倦乏力、嗳腐吞酸、小便清长等症状有一定疗效。现代医学研究表明,本方对肠易激综合征、厌食、胃肠痉挛等病症有一定防治作用。

【膳食服法】餐时服用。

刺五加配鸡蛋　健脾益肾，调补气血

刺五加蛋花汤

【食药材】刺五加20克，鸡蛋1个，花椒粉、葱、油、盐等调味品适量。

【膳食制法】

1. 炒锅加油烧热，下入葱花、花椒粉煸出香味。
2. 锅内加水适量，放入刺五加、盐，武火煮至沸腾。
3. 将鸡蛋顺时针打散成蛋花，倒入锅内，继续搅拌，蛋花飘起，即可食用。

【功效与主治】健脾益肾，调补气血。适用于月经不调、不寐、眩晕等疾病。对气血虚弱所致的睡眠不佳、记忆力减退、乏力气短、食少纳差、头晕目眩、腰酸腿软、月经量少、质稀色淡、月经先后不定等症状有一定疗效。现代医学研究表明，本方对失眠、功能失调性子宫出血等病症有一定防治作用。

【膳食服法】餐时服用。

刺五加配香菇　益气健脾，美容养颜

刺五加什锦菜

【食药材】刺五加100克，香菇100克，豆腐100克，粉条100克，土豆100克，白菜100克，葱、姜末各10克，盐、酱油、花椒油、香油、料酒等调味品适量。

【膳食制法】

1. 将刺五加洗净，切段。香菇泡水，洗净，切片。豆腐切成小长方块，入油锅炸至金黄色捞出，备用。土豆削皮，切小块，过油炸。粉条温水泡软，白菜切段，备用。

2. 将炒锅置武火，加油烧至七成热，入葱、姜炝锅，煸香菇，烹料酒、酱油，放入豆腐、粉条、土豆、白菜，加少许水，文火煮土豆至熟，放入刺五加、盐，入味后，淋花椒油、香油，即可食用。

【功效与主治】益气健脾，美容养颜。适用于雀斑、痤疮等疾病。对脾虚湿滞所致的面色无华、皱纹增多、毛孔粗大、丘疹暗红或痒或痛、病久不愈、纳呆腹胀、周身乏力等症状有一定疗效。现代医学研究表明，本方对黄褐斑、毛囊炎、痤疮等病症有一定防治作用。

【膳食服法】餐时服用。

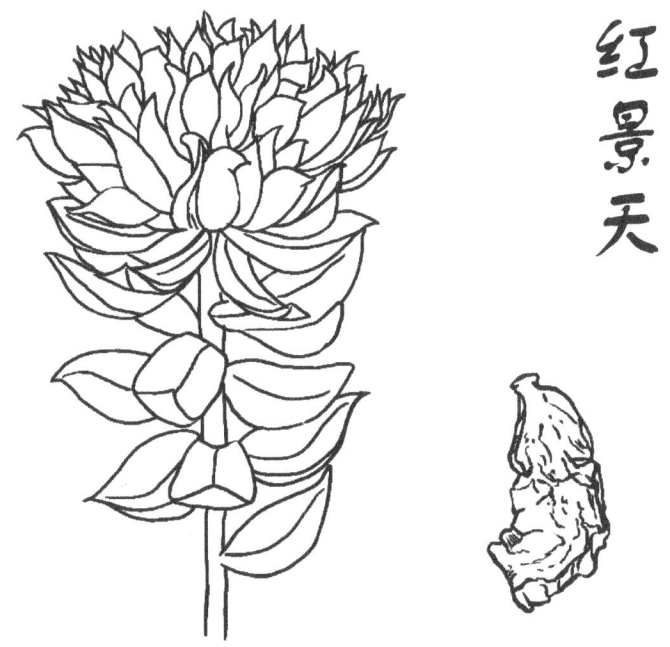

红景天

【来源】景天科植物红景天或大花红景天干燥的根茎。

【性味归经】甘、涩，寒。归肺、脾经。

【功效与主治】益气活血，通脉平喘。适用于脾气虚弱所致的倦怠乏力、不思饮食、大便溏薄等症状，以及肺热内盛所致的咳嗽咳痰、咯血量多、喘促气急和瘀血内阻所致的心胸痹痛、瘀肿疼痛等症状。现代医学研究表明，红景天对咯血、腹泻、高原反应等病症有一定预防作用。

【药理成分】含有红景天苷、红景天苷元酪醇和毛柳苷等。

【附注】孕妇慎用。

红景天配粳米　健脾益肺，美容养颜

红景天粳米粥

【食药材】红景天3克，粳米50克，白糖等调味品适量。

【膳食制法】

1. 将红景天洗净，用纱布包好，放入砂锅，加水适量，武火烧开，文火煎煮30分钟，去渣留汁，备用。
2. 将粳米洗净入砂锅，加入药汁，加水适量，武火烧开，文火煮至粥熟。
3. 加白糖适量，搅拌均匀，即可食用。

【功效与主治】健脾益肺，美容养颜。适用于痤疮、泄泻等疾病。对脏腑失和所致的面部无华、皱纹增多、毛孔粗大、丘疹暗红或痒或痛、纳呆食少、便溏腹泻等症状有一定疗效。现代医学研究表明，本方对雀斑、痤疮等病症有一定防治作用。

【膳食服法】餐时服用。

红景天配猪脊骨　补益脾气，强筋壮骨

红景天棒骨汤

【食药材】红景天5克，雪莲花3克，红枣5克，枸杞子5克，猪脊骨1000克，盐等调味品适量。

【膳食制法】

1. 将上述食药材洗净，备用。将猪脊骨汆水，备用。
2. 将所有材料放入砂锅，加水适量，武火烧开，文火煎煮1小时。
3. 加入食盐适量调味，即可食用。

【功效与主治】补益脾气，强筋壮骨。适用于腰痛等疾病。对脾肾不足所致的腰酸腿痛、遇劳加重、反复发作或手足不温、少气乏力，或刺痛拒按、痛有定处等症状有一定疗效。现代医学研究表明，本方对骨质疏松症、腰椎间盘突出等病症有一定防治作用。

【膳食服法】餐时服用。

红景天配乌骨鸡　温中补虚，养心安神

红景天乌鸡汤

【食药材】红景天10克，乌骨鸡1000克，姜、葱、盐、胡椒粉等调味品适量。

【膳食制法】

1. 将乌骨鸡洗净、剁块，红景天洗净。
2. 将鸡块和红景天放入砂锅内，加入适量清水、姜、葱，武火煮沸，文火煮至鸡块将熟。
3. 加入胡椒粉、盐等调味，煮鸡块至熟，拣去葱、姜，即可食用。

【功效与主治】温中补虚，养心安神。适用于心悸、不寐等疾病。对心脾两虚所致的睡眠不佳、记忆力减退、食少纳呆、头晕耳鸣、心慌不宁、倦怠乏力、少气懒言等症状有一定疗效。现代医学研究表明，本方对失眠、心律失常、更年期综合征等病症有一定防治作用。

【膳食服法】餐时服用。

当归

【来源】伞形科植物当归的干燥根。

【性味归经】甘、辛,温。归肝、心、脾经。

【功效与主治】补血活血,调经止痛,润肠通便。适用于血虚失养所致的面色萎黄、眩晕耳鸣、心悸怔忡、津亏便秘等症状,以及气血不和所致的月经不调、痛经经闭和跌打损伤、风湿痹阻、痈疽疮疡等症状。现代医学研究表明,当归有抗心律失常、降血脂、抗血栓、抗炎、抗肿瘤、保肝的疗效。

【药理成分】含有挥发油、当归多糖、多种氨基酸、维生素及多种人体必需的微量元素等。

【附注】湿盛中满、大便溏泻者不宜单独食用,孕妇慎用。

当归配鳝鱼　益气养血，培补脾气

归参鳝鱼煲

【食药材】当归10克，党参6克，鳝鱼500克，盐、葱、姜等调味品适量。

【膳食制法】

1. 将鳝鱼除去头、骨、内脏，洗净，切段。

2. 将当归和党参洗净，用纱布包扎。

3. 将鳝鱼、纱布包、生姜共入砂锅，加清水适量，武火烧开，文火煮至鱼熟，取出药包，加入适量盐、葱调味，即可食用。

【功效与主治】益气养血，培补脾气。适用于贫血、虚劳等疾病。对久病体虚所致的怠倦乏力、身体消瘦、食少纳差、口唇色淡、月经质稀、易于感冒等症状有一定疗效。现代医学研究表明，本方对贫血、慢性消耗性疾病等病症有一定防治作用。

【膳食服法】餐时服用。

当归配鸡肉 温中补虚，益气养血

当归补血鸡

【食药材】当归10克，炙黄芪50克，母鸡肉1500克，胡椒粉、食盐、生姜、葱、料酒等调味品适量。

【膳食制法】

1. 将母鸡去毛洗净，放于沸水余透捞出，凉水冲净，沥净水分，备用。
2. 将当归、炙黄芪洗净，用纱布包好。生姜切大片，葱切段。
3. 将纱布袋装入鸡腹，鸡腹绑好，鸡腹腔朝上，放入砂锅，加入葱、生姜、食盐、料酒、胡椒粉，武火烧开，文火炖至鸡熟，去药袋、姜、葱，即可食用。

【功效与主治】温中补虚，益气养血。适用于血证、虚劳、产后血崩等疾病。对气血亏虚所致的产后出血、头晕眼花、胸闷呕恶、面色萎黄、精神不振、口唇色淡、面色少华等症状有一定疗效。现代医学研究表明，本方对贫血、慢性消耗性疾病、产后体虚等病症有一定防治作用。

【膳食服法】餐时服用。

当归配猪肾 益气养血，温补肾气

归参山药猪肾片

【食药材】当归10克，党参5克，山药5克，猪肾500克，酱油、醋、姜、蒜、香油等调味品适量。

【膳食制法】

1. 将猪肾切开洗净，备用。

2. 将当归、党参、山药洗净，用纱布包好，与猪肾同置砂锅内，加清水适量，武火烧开，文火炖至猪肾熟透。

3. 将猪肾捞出，切成薄片，加入酱油、醋、姜丝、蒜末、香油、盐调味，即可食用。

【功效与主治】益气养血，温补肾气。适用于心悸、腰痛、不寐等疾病。对气血两虚、脾肾不足所致的心慌头晕、睡眠不佳、记忆力减退、面色少华、腰酸背痛、劳则加重、小便清长等症状有一定疗效。现代医学研究表明，本方对心律失常、腰痛、失眠等病症有一定防治作用。

【膳食服法】餐时服用。

当归配羊肉　温补肾阳，养血补虚

当归生姜羊肉汤

【食药材】当归20克，生姜30克，羊肉500克，食盐等调味品适量。

【膳食制法】

1. 将当归、生姜洗净，生姜切成大片，备用。
2. 将羊肉洗净、切块，置于砂锅，加水适量，武火烧沸，撇去浮沫。
3. 砂锅入当归、生姜，文火炖至羊肉熟烂，加食盐调味，即可食用。

【功效与主治】温补肾阳，养血补虚。适用于腹痛、胃痛、虚劳等疾病。对气血亏虚所致的头晕眼花、四肢无力、面色苍白、神疲食少等症状，以及脾肾不足所致的畏寒肢冷、脘腹疼痛或腹痛拘急、得温则舒、遇寒则甚、大便稀溏、腰酸耳鸣等症状有一定疗效。现代医学研究表明，本方对消化不良、胃肠痉挛、免疫力低下等病症有一定防治作用。

【膳食服法】餐时服用。

当归羊肉羹

【食药材】当归10克,炙黄芪5克,党参5克,羊肉500克,葱、姜、料酒、盐等调味品适量。

【膳食制法】

1. 将羊肉洗净切块,放入砂锅。
2. 将党参、当归、黄芪洗净,用纱布包好,放入锅内。
3. 将葱、盐、姜、料酒放入锅内,加清水适量。
4. 将砂锅武火烧沸,文火慢炖,至羊肉熟烂,拣去布包,即可食用。

【功效与主治】补气养血,温中补虚。适用于虚劳等疾病。对体虚久病、房事过度所致的倦怠乏力、少气懒言、面色少华、眠差多梦、动后汗出、腰酸腿软、食少纳差、畏寒肢冷、易于感冒、月经量少甚或闭经等症状有一定疗效。现代医学研究表明,本方对慢性消耗性疾病、失眠、更年期综合征、月经过少、闭经等病症有一定防治作用。

【膳食服法】餐时服用。

【附注】五心烦热者慎用。

当归配乌骨鸡　益气养血，活血调经

当归二乌汤

【食药材】当归15克，鸡血藤5克，黄精10克，乌贼鱼肉500克，乌骨鸡1000克，葱白、生姜、料酒、食盐等调味品适量。

【膳食制法】

1. 将乌鸡洗净，乌贼鱼洗净，备用。

2. 将黄精、当归、鸡血藤洗净放入鸡腹中，鸡腹绑好，置于砂锅内，加乌贼鱼肉、清水适量，武火烧沸，去浮沫。

3. 将料酒、葱白、生姜（切片）、食盐加入，文火煨炖，至鸡肉熟烂，即可食用。

【功效与主治】益气养血，活血调经。适用于闭经、月经不调、经行眩晕、经行身痛等疾病。对气血虚弱所致的经行或经后肢体酸痛或麻木、经行或前或后、月经量少甚或月经停闭、头晕目眩、心慌不适、色淡质稀、神疲乏力、气短懒言等症状有一定疗效。现代医学研究表明，本方对月经过少、闭经、多囊卵巢综合征、卵巢早衰等病症有一定防治作用。

【膳食服法】餐时服用。

【医学分析】膳食中鸡血藤味苦、甘，性温，为补血活血通络之要药，用于血虚经闭、月经不调、痛经等。与当归身相配既能补血，又能行血、舒筋活络，故对老人气血虚弱、手足麻木、风湿痹痛等病症，亦为常用之药。乌贼鱼肉性味咸平，功能补肝血、滋肾阴，而使月事以时下，为治疗血虚经闭的有效食品。《日华子本草》记载："通月经。"《随息居饮食谱》记载："滋肝肾，补血脉，理奇经，……最益妇人。"以乌贼鱼肉、当归身、鸡血藤协同，配伍益脾而又养阴润燥的黄精和长于补虚劳羸弱而又养阴退热的乌骨鸡，五味相配共奏补血调经之效。食用本品对气血亏虚所致的经闭及病后体虚而月经不调等症状有一定疗效。现代医学研究表明，当归对子宫有双向调节作用，所含非挥发性成分能兴奋子宫，其挥发性成分则抑制子宫，故临床将当归制为流浸膏口服，对痛经及月经不调有效。并且其还有抗恶性贫血的作用，对贫血等病症有一定的预防作用。

当归配狗肉　益肾壮阳，养血活血

当归橘叶狗肉锅

【食药材】当归15克，肉桂5克，鲜橘叶10克，狗肉2000克，黄酒80克，酱油20克，猪油适量，食盐等调味品适量。

【膳食制法】

1. 将狗肉洗净，切块，放入砂锅，加水适量，武火烧开，去掉浮沫，捞出备用。

2. 橘叶洗净捆成把，当归、肉桂洗净，并用纱布包好。

3. 炒锅置旺火上，猪油烧至七成热，下狗肉入锅煸炒。取砂锅，下狗肉、纱布包、橘叶、食盐、黄酒、清水，武火烧开，文火煨至狗肉熟烂。

4. 拣去纱布包、橘叶，加酱油调味，即可食用。

【功效与主治】益肾壮阳，养血活血。适用于耳聋、耳鸣、阳痿、早泄、水肿等疾病。对肾阳不足所致的身体浮肿、腰下尤甚、腰膝冷痛、听力下降、阳事不举、性欲减退、过早泄精、夜尿频多、小便清长、畏寒肢冷等症状有一定疗效。现代医学研究表明，本方对耳鸣、耳聋、阴茎勃起功能障碍、早泄等病症有一定防治作用。

【膳食服法】餐时服用。

【附注】发热者慎用。

当归生姜狗肉锅

【食药材】当归10克，桂皮3克，生姜片10克，净狗肉1000克，猪油50克，黄酒50克，葱白20克，大蒜20克，干辣椒3克，食盐等调味品适量。

【膳食制法】

1. 将狗肉洗净，切块，放入砂锅，加水适量，武火烧开，去掉浮沫，捞出备用。

2. 大蒜切成片，当归、桂皮洗净并用纱布包好。

3. 炒锅置旺火上，猪油烧至七成热，下狗肉入锅煸炒。

4. 取砂锅，下狗肉、纱布包、葱白、干辣椒、姜片、大蒜、食盐、黄酒、清水，武火烧开，文火煨至狗肉熟烂。

5. 拣去纱布包、葱白、干辣椒，加食盐调味，即可食用。

【功效与主治】补脾益肾，温经散寒。适用于阳痿、早泄、痛经、腹痛等疾病。对肾阳亏虚所致的腰膝冷痛、阳事不举、性欲减退、过早泄精、夜尿频多、小便清长等症状，以及寒凝血瘀所致的经前或经期小腹冷痛拒按、得热则舒、经血量少、色淡质稀、畏寒肢冷等症状有一定疗效。现代医学研究表明，本方对原发性痛经、盆腔炎或子宫内膜异位症、阴茎勃起功能障碍、早泄等病症有一定防治作用。

【膳食服法】餐时服用。

【附注】发热者慎用。

当归配鸡蛋　健脾温中，养血活血

当归溜黄菜

【食药材】当归10克，黄精5克，核桃仁20克，鸡蛋黄4个，熟猪油100克，冬瓜条100克，淀粉20克，白糖、盐等调味品适量。

【膳食制法】

1. 将冬瓜条、核桃仁切成小粒；黄精、当归洗净，烘干打粉。

2. 将蛋黄、淀粉与中药末加清水，调拌均匀。

3. 将炒锅置中火上，下熟猪油，烧至七成热，倒入蛋浆炒熟，加核桃粒、冬瓜条粒和白糖、盐，炒至白糖溶化，即可食用。

【功效与主治】健脾温中，养血活血。适用于不寐、汗证、虚劳等疾病。对气血不足所致的精神疲乏、面黄肌瘦、四肢无力、动后汗出、易于感冒、少气懒言、睡眠欠佳、记忆力减退等症状有一定疗效。现代医学研究表明，本方对免疫力低下、失眠等病症有一定防治作用。

【膳食服法】餐时服用。

阿胶

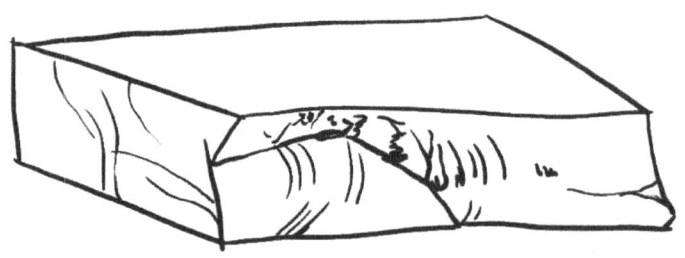

【来源】马科动物驴的皮通过煎煮、浓缩制成的固体状胶。

【性味归经】甘,平。归肝、肺、肾经。

【功效与主治】补血滋阴,润燥止血。适用于血虚所致的头晕目眩、心悸怔忡、寐差梦多、面色少华和阴虚内热所致的心烦健忘、失眠多梦等症状,以及温燥伤肺所致的干咳无痰、鼻燥咽干、咳嗽气喘和阴虚风动所致的手足搐动等症状,此外还适用于吐血、便血、尿血等各种出血的症状。现代医学研究表明,阿胶具有补血、促进钙吸收、防治进行性肌营养障碍症的疗效。

【药理成分】含有明胶蛋白及多种氨基酸,其中甘氨酸含量最高,微量元素中以铁含量最高。

【附注】脾胃虚弱、呕吐泄泻、咳嗽痰多者及感冒病人不宜单独食用,月经期不宜食用。

阿胶配糯米 健脾益肺，补血止血

阿胶糯米粥

【食药材】阿胶15克，糯米100克。

【膳食制法】

1. 将糯米放入砂锅内，加水适量，武火煮开，文火煮粥至熟，备用。
2. 将阿胶打粉，烊化为汁，兑入粥内，烧开调匀，即可食用。

【功效与主治】健脾益肺，补血止血。适用于肺痨、咳嗽、眩晕、心悸、血证等疾病。对血虚肺燥所致的干咳短促、痰少质黏、或有血丝、手足心热、睡中汗出、口干咽燥、食少纳呆、头晕目眩、心慌不眠等症状，以及气虚不固所致的咯血吐血、尿血便血、鼻衄齿衄、崩中漏下等症状有一定疗效。现代医学研究表明，本方对出血性疾病、肺结核、心律失常等病症有一定防治作用。

【膳食服法】餐时服用。

【医学分析】膳食中阿胶专补肝血，滋肾阴，润肺燥，并有养血止血之效，对吐血、衄血、崩中漏下或胎漏等均有良效。糯米健脾利气，以益化源。两味相配可健脾益肺、补血止血。故食用本粥对肺阴亏虚所致的反复咯血、虚劳久嗽、心悸不眠等症状有一定疗效。现代医学研究表明，阿胶既有加速红细胞和血红蛋白生成作用，又有增加血清钙的含量、促进血液凝固作用。

阿胶桑白糯米粥

【食药材】阿胶6克，桑白皮3克，糯米100克，红糖适量。

【膳食制法】

1. 将桑白皮洗净，用纱布包好，放入砂锅，加水适量，武火烧开，文火煎煮30分钟，去渣留汁，备用。
2. 将糯米与桑白皮汁放入锅内，煮粥至熟，备用。
3. 将阿胶打粉，烊化为汁，合红糖兑入粥内，烧开调匀，即可食用。

【功效与主治】补血滋阴，润燥清肺。适用于咯血、肺痨等疾病。对阴虚肺热所致的干咳无痰或少痰、鼻燥咽干、痰中带血、潮热汗出、身体消瘦等症状有一定疗效。现代医学研究表明，本方对肺结核有一定防治作用。

【膳食服法】餐时服用。

阿胶杏仁糯米粥

【食药材】阿胶6克，杏仁3克，糯米50克。

【膳食制法】

1. 将杏仁洗净，用纱布包好，放入砂锅，加水适量，武火烧开，文火煎煮30分钟，去渣留汁，备用。

2. 将糯米与杏仁汁放入锅内，煮粥至熟，备用。

3. 将阿胶打粉，烊化为汁，兑入粥内调匀，即可食用。

【功效与主治】养阴清肺，降气平喘。适用于咳嗽、喘证等疾病。对阴虚肺燥所致的干咳无痰或少痰或痰中带血、声音嘶哑、咽干口燥或咽喉肿痛、神疲食少等症状有一定疗效。现代医学研究表明，本方对慢性支气管炎、咽炎等病症有一定防治作用。

【膳食服法】餐时服用。

【医学分析】膳食中阿胶养阴润燥益肺。杏仁降气定喘，对呼吸中枢有镇静作用。糯米健脾补中，以消痰源。三味合用共奏养阴清肺、降气平喘之效。故服用本粥是对阴虚火旺所致的哮喘有一定疗效。

阿胶配小白菜　清热解毒，滋阴养血

阿胶白菜汤

【食药材】阿胶5克，鲜马齿苋30克，小白菜60克，白糖等调味品适量。

【膳食制法】

1. 将马齿苋、小白菜洗净，放入砂锅，加水适量，武火烧开，文火煎煮30分钟，去渣留汁，备用。

2. 阿胶烊化，兑入调匀，加入白糖，搅至溶化，即可食用。

【功效与主治】清热解毒，滋阴养血。适用于泄泻、痢疾等疾病。对饮食不节、湿热内蕴所致的里急后重、下痢赤白脓血、腹痛而泻、泻而不爽、粪黄味臭或便血量多、肛门灼热、小便短赤、口渴发热等症状有一定疗效。现代医学研究表明，本方对急慢性肠炎、痢疾等病症有一定防治作用。

【膳食服法】餐时服用。

【医学分析】膳食中马齿苋清热解毒、利湿止泻，阿胶滋阴补血，小白菜清热解毒兼可润燥。三味相配共奏清热解毒、滋阴养血之效。故服用此汤对湿热内蕴所致的泄泻、痢疾、痔疮等病症有一定疗效。

阿胶配鸡蛋　　滋阴清热，养血止血

阿胶鸡蛋羹

【食药材】阿胶5克，鲜鸡蛋5个，调味品适量。

【膳食制法】

1. 将阿胶研磨成粉末。

2. 将鸡蛋液、阿胶粉搅匀，分成5份，放入小碗，加水少许，入蒸笼蒸30分钟，即可食用。

【功效与主治】滋阴清热，养血止血。适用于血证。对阴虚血热所致的潮热汗出、口干咽燥、咳嗽咯血，或皮下紫斑，或齿龈出血，或尿中带血等症状有一定疗效。现代医学研究表明，本方对紫癜、肺结核等病症有一定防治作用。

【膳食服法】餐时服用。

【医学分析】膳食中鸡蛋滋阴补血，阿胶养血止血。二者相配共奏滋阴清热、补血止血之效。故服用本品对阴虚血热所致的出血证、慢性白血病等疾病有一定疗效。

沙棘

【来源】胡颓子科植物的果实。

【性味归经】酸、涩,温。归脾、胃、肺、心经。

【功效与主治】止咳祛痰,健胃消食,活血散瘀。适用于饮食不节所致的脘腹不舒、嗳腐吞酸、食少纳差和痰湿蕴肺所致的咳嗽痰多、咳声重浊、胸闷脘痞、呕恶食少等症状,以及跌扑损伤、瘀血内阻所致的瘀肿疼痛、月经色暗或兼血块、痛经等症状。现代医学研究表明,沙棘具有降胆固醇、抗疲劳、祛痰、止咳、平喘的疗效。

【药理成分】含有多种维生素、蛋白质、氨基酸、生物碱、微量元素等。

【附注】若与碱性物同食,则不利于吸收。

沙棘配白糖　化痰止咳，散瘀化滞

沙棘白糖饮

【食药材】鲜沙棘果2000克，白糖适量。

【膳食制法】

1. 将沙棘果洗净，榨汁机榨出果汁，放入锅内煮沸。
2. 加白糖适量煮沸，即可食用。

【功效与主治】化痰止咳，散瘀化滞。适用于咳嗽、感冒、痛经等疾病。对外感风寒、肺失宣降所致的咳嗽咳痰、痰白质稀伴鼻塞流涕、头晕头疼或兼恶寒发热等症状，以及瘀血内阻所致的经期疼痛、经血量少、经色紫黯兼夹血块等症状有一定疗效。现代医学研究表明，本方对咳嗽、痛经等病症有一定防治作用。

【膳食服法】代茶饮。

沙棘配芋头　补脾益肾，化痰降气

沙棘山药芋头塔

【食药材】鲜沙棘果200克，山药150克，芋头200克，橙汁200毫升，食盐等调味品适量。

【膳食制法】

1. 将山药、芋头洗净，上锅蒸熟，二者去皮，加盐捣成泥，再蒸5分钟，制成塔状。
2. 将沙棘榨汁，煮沸备用。
3. 将沙棘汁和橙汁浇在蒸好的山药和芋头上，即可食用。

【功效与主治】补脾益肾，化痰降气。适用于咳嗽、痞满等疾病。对脾胃虚弱、痰湿内停所致的脘腹痞塞、胸膈满闷、身重困倦、呕恶嗳气等症状，以及痰湿蕴肺所致的咳嗽痰多、咳声重浊、胸闷脘痞、呕恶食少等症状有一定疗效。现代医学研究表明，本方对咳嗽、急慢性支气管炎、慢性胃炎、功能性消化不良等病症有一定防治作用。

【膳食服法】餐时服用。

沙棘配海虾　补肾益肺，祛痰止咳

醉在杏花村

【食药材】鲜沙棘果1000克，海虾肉750克，杏汁200毫升，汾酒50毫升，小西米100克。

【膳食制法】

1. 鲜沙棘果洗净、榨汁；将虾肉洗净后改刀，滑油，用杏汁、沙棘汁、汾酒炒熟。

2. 将调味后的虾肉搅碎，挤成丸状，蘸上西米。

3. 入笼蒸熟装盘，即可食用。

【功效与主治】补肾益气，祛痰止咳。适用于咳嗽等疾病。对肺肾不足所致的咳嗽咳痰、痰多色清、呼多吸少、语声低微、腰酸腿软、小便清长等症状有一定疗效。现代医学研究表明，本方对慢性支气管炎等病症有一定防治作用。

【膳食服法】餐时服用。

沙棘配苹果　化痰止咳，润肠通便

沙棘苹果酸奶饮

【食药材】沙棘汁20毫升，苹果1个，橙汁150毫升，酸奶125毫升，槐花蜂蜜5毫升，大樱桃4个。

【膳食制法】

1. 将苹果去皮、切碎，樱桃去核，与橙汁、槐花蜂蜜、酸奶放入榨汁机。

2. 将榨汁搅拌1分钟，即可饮用。

【功效与主治】祛痰止咳，润肠通便。适用于便秘、咳嗽等疾病。对肺失宣降、肠失传导所致的咳嗽日久、痰多质稀、疲乏无力、粪质干结、大便困难等症状有一定疗效。现代医学研究表明，本方对咳嗽、便秘等病症有一定防治作用。

【膳食服法】代茶饮。

沙棘配豆腐　润肺止咳，养阴润燥

沙棘金黄豆腐

【食药材】沙棘30克，豆腐100克，白糖适量。

【膳食制法】

1. 将豆腐切小块，文火煎至双面金黄，装盘备用。

2. 将沙棘洗净，放入砂锅，加清水适量，武火烧开，文火煎煮30分钟，去渣取汁，备用。

3. 将沙棘汁冲泡白糖，调匀，备用。

4. 将沙棘调味汁倒在豆腐上，即可食用。

【功效与主治】润肺止咳，养阴润燥。适于咳嗽等疾病。对肺阴不足或风燥伤肺所致的干咳少痰或无痰、声音嘶哑、口干咽燥或咳痰带血等症状有一定疗效。现代医学研究表明，本方对咳嗽、慢性咽炎等病症有一定防治作用。

【膳食服法】餐时服用。

大枣

【来源】鼠李科植物枣的干燥果实。

【性味归经】甘,温。归心、脾、胃经。

【功效与主治】补益脾胃,养血安神。适用于脾胃虚弱所致的气虚体弱、倦怠乏力、气血不足、食欲不振、心烦不寐等症状。大枣还能缓和药物药性,减少药物的毒副作用。

【药理成分】含有蛋白质、有机酸、糖类、黏液质和维生素及钙、磷、铁等微量元素。

【附注】湿盛、脘腹作胀者不宜单独食用。

大枣配猪皮 健脾补血，美容养颜

【食材介绍——猪皮】

猪皮，为猪科动物猪的皮肤。猪皮含有胶原蛋白、弹性蛋白、脂肪、碳水化合物、维生素A、维生素C、维生素E、钠、钾、磷等多种成分。中医认为，猪皮味甘，性凉，归肾经，具有清热养阴、利咽止血的功效。现代医学研究表明，猪皮中富含胶原蛋白和弹性蛋白，胶原蛋白能改善皮肤功能，促进皮肤细胞吸收和贮存水分，润泽皮肤；弹性蛋白能增加皮肤的弹性与韧性，舒展肌肤。胶原蛋白还是构成人体筋与骨的组成成分之一，常食猪皮有利于骨骼生长发育，还可促进毛发、指甲生长。猪皮中的蛋白质、维生素、矿物质等含量丰富，可提高机体免疫力。一般人均可食用猪皮，尤其适宜于心烦、咽痛、月经不调、皮肤衰老过快、骨质疏松等人群。消化功能较差者不宜单独食用。

红枣猪肤羹

【食药材】红枣50克，猪皮100克，冰糖适量。

【膳食制法】

1. 将猪皮洗净、去脂、切成条，放入砂锅，加水适量。
2. 红枣洗净、撕破，加入砂锅。武火烧开，文火煮至猪皮熟烂。
3. 加入冰糖适量，溶化调匀，即可食用。

【功效与主治】健脾补血，美容养颜。适用于眩晕等疾病。对气血亏虚所致的头晕眼花、心慌不眠、面色苍白、神疲乏力、大便干结、少气懒言等症状有一定疗效。本方久服，可美容养颜。

【膳食服法】餐时服用。

大枣配驼肉 健脾益气，补血养心

【食材介绍——驼肉】

驼肉，为驼科动物双峰驼的肉。驼肉含有蛋白质、脂肪、维生素A、维生素B_1、维生素B_2、尼克酸、钙、磷、铁等多种成分。中医认为，驼肉味甘，性温，归脾经，具有补气血、壮筋骨、润肌肤的功效。现代医学研究表明，常吃驼肉可补血益气使肤色红润有光泽，是久病体虚者的优良选择。驼肉还能清除体内毒素，促进血液和水分新陈代谢，有利于身体健康。驼肉脂肪含量虽高，但胆固醇含量较低。常食驼肉还能强筋健体，缓解腰腿酸软的症状。一般人均可食用驼肉，尤其适宜于气血不足、筋骨无力、营养不良等人群。皮肤病者不宜单独食用。

红枣炖驼肉

【食药材】红枣15克，驼肉60克，红糖等调味品适量。

【膳食制法】

1. 将驼肉洗净切丝，红枣洗净。
2. 将红枣与驼肉、红糖加入碗内，隔水炖熟，即可食用。

【功能与主治】健脾益气，补血养心。适用于贫血、虚劳等疾病。对气血亏虚所致的身体消瘦、精神疲惫、头晕目眩、汗出过多、面色淡白、倦怠乏力、少气懒言等症状有一定疗效。

【膳食服法】餐时服用。

大枣配银耳　滋阴补血，润肺止咳

红枣银耳羹

【食药材】红枣50克，银耳50克，冰糖适量。

【膳食制法】

1. 将银耳温水泡发，除去蒂头，洗净，撕碎。
2. 将红枣用温水泡发，洗净，撕碎。
3. 将上二味入锅加水适量，煎煮至红枣、银耳熟烂至羹状。
4. 放入冰糖，搅匀溶化，即可食用。

【功效与主治】滋阴补血，润肺止咳。适用于贫血及更年期综合征、咳嗽等疾病。对阴血亏虚所致的身体消瘦、倦怠乏力、精神疲惫、烘热汗出等症状，以及肺阴亏虚所致的咳嗽少痰、五心烦热等症状有一定疗效。本方久服，可减轻面部色斑，润泽肌肤，有美容养颜作用。

【膳食服法】餐时服用。

大枣配羊奶　补益气血，健脾益胃

大枣羊奶粥

【食药材】大枣6枚，羊奶250毫升，大米100克。

【膳食制法】

1. 将大米、大枣洗净后同煮成粥。
2. 待粥熟加入羊奶，再次烧开后，即可食用。

【功效与主治】补益气血，健脾益胃。适用于虚劳、胃痛、内伤发热、泄泻等疾病。对气血不足所致的面色无华、唇甲色淡、神疲乏力、时有汗出等症状，以及脾胃虚弱所致的不思饮食、胃脘隐痛、大便溏稀等症状有一定疗效。

【膳食服法】餐时服用。

大枣配糯米　健脾温中，益气养血

枣参糯米饭

【食药材】人参3克，大枣20克，糯米250克，白糖适量。

【膳食制法】

1. 将人参、大枣洗净，用纱布包好，放入砂锅，加水适量，武火烧开，文火煎煮30分钟，去渣取汁，备用。

2. 将糯米洗净，加入药汁及适量水、白糖蒸至饭熟，即可食用。

【功效与主治】健脾温中，益气养血。适用于虚劳、不寐等疾病。对脾胃气虚所致的形瘦体弱、倦怠乏力、气短自汗、食少便溏、肢体浮肿、心慌不适、夜寐不安等症状有一定疗效。

【膳食服法】餐时服用。

【附注】糖尿病患者不宜加糖。

大枣配粳米　健脾益气，温中补虚

大枣茯苓粳米粥

【食药材】大枣20克，茯苓粉5克，粳米60克，白糖适量。

【膳食制法】

1. 将大枣去核，浸泡洗净，备用。

2. 大枣、粳米、茯苓共煮至粥熟。

3. 加白糖适量，搅拌均匀，即可食用。

【功效与主治】健脾渗湿，和胃止泻。适用于泄泻等疾病。对脾失健运所致的精神萎靡、面色淡白、萎黄不泽、四肢倦怠、少气懒言、大便溏薄等症状有一定疗效。本方久服对美容养颜有一定作用。

【膳食服法】餐时服用。

【附注】小便多、清长者不宜用。

枣参莲子粥

【食药材】大枣10克，人参3克，莲子3克，粳米100克，冰糖适量。

【膳食制法】

1. 将粳米洗净，与人参、莲子、大枣共同放入砂锅内，加水适量，煮至粥熟。
2. 粥熟放入冰糖，搅拌溶化，即可食用。

【功效与主治】健脾益气，温中补虚。适用于虚劳、不寐等疾病。对脾胃气虚所致的形瘦体弱、倦怠乏力、气短自汗、食少便溏、肢体浮肿、夜不能寐、睡中易醒等症状有一定疗效。

【膳食服法】餐时服用。

红枣粥

【食药材】红枣30克，粳米100克，冰糖适量。

【膳食制法】

1. 将大枣、粳米淘净后，放入砂锅内。
2. 加水适量，煮至粥熟。
3. 加入冰糖，搅拌溶化，即可食用。

【功效与主治】益气补中，养血安神。适用于虚劳及郁证等疾病。对脾胃虚弱、中气不足所致的倦怠无力、食少懒言、烘热汗出、心烦易怒及精神不安等症状有一定疗效。

【膳食服法】餐时服用。

【附注】湿盛痰多者不宜多服。

【医学分析】膳食中红枣味甘，性微温，有补脾调营、生津益胃的作用，对脾胃虚弱所致的倦怠无力、食少泄泻有治疗之效，并能保护正气、调和气血、缓解挛急、缓和药物烈性和矫味等。粳米益气补中，冰糖甘甜滋养，与红枣煮粥调和，香甜可口。三味相配共奏益气补中、养血安神之效。食用本粥对脾胃虚弱所致的无故喜笑、悲伤欲哭、烦躁不安等症状有一定疗效。此证尤与内伤肝脾、营血亏虚有关，治宜调补脾胃，兼益营血，故可食用本品。现代医学研究表明，大枣可以增强肌力，保护肝脏，对过敏性和原发性血小板减少性紫癜及妇女更年期综合征、癔病等疾病有一定的预防作用。

大枣配木耳　健脾益气，温中补血

红枣木耳汤

【食药材】红枣10克，黑木耳5克，冰糖适量。

【膳食制法】

1. 将黑木耳温水泡发，淘洗干净。
2. 红枣洗净撕碎，将上二味放入砂锅。
3. 砂锅加入冰糖及水适量，武火烧开，文火煎煮30分钟，即可食用。

【功效与主治】健脾益气，温中补血。适用于贫血、雀斑等疾病。对气血亏虚所致的倦怠乏力、少气懒言、面唇淡白及面部色素沉着等症状有一定疗效。现代医学研究表明，本方能增强机体免疫力，有一定美容养颜功效，对癌症有一定防治作用。

【膳食服法】餐时服用。

葱枣汤

【食药材】红枣20克，葱白7根，黑木耳10克。

【膳食制法】

1. 将红枣洗净，用纱布包好，放入砂锅，加水适量，武火烧开，文火煎煮30分钟，去渣取汁，备用。
2. 将黑木耳温水泡发，淘洗干净。
3. 药汁加入洗净切段的葱白、黑木耳，文火煮沸10分钟，即可食用。

【功效与主治】健脾益气，补虚通阳。适用于不寐、贫血等疾病。对病后体虚及气血亏虚所致的倦怠乏力、寐中易醒、面色苍白、指甲不泽、手足怕凉等症状有一定疗效。

【膳食服法】餐时服用。

大枣配面粉 补脾益气，消食和胃

红枣白术饼

【食药材】红枣250克，白术5克，干姜3克，鸡内金5克，面粉500克。

【膳食制法】

1. 将白术、干姜、红枣洗净，用纱布包好，放入砂锅，加水适量，武火烧开，文火煎煮30分钟，去渣取汁，备用。
2. 鸡内金研粉，与面粉混匀，加药汁和成面团。
3. 制成薄饼，文火烙熟，即可食用。

【功能与主治】益气健脾，开胃消食。适用于胃痛、水肿等疾病。对脾胃虚弱所致的食后胀满、饮食无味、大便溏泻、胃部胀痛、腰下水肿、周身乏力、少气懒言等症状有一定疗效。本方久服可提高人体免疫力，有一定延缓衰老作用。

【膳食服法】餐时服用。

大枣配花生 益气健脾，补血养心

【食材介绍——花生】

花生，又名落花生、花生米，为豆科植物落花生的种子。花生含有脂肪、蛋白质、碳水化合物、维生素A、维生素B、维生素D、钙、铁等多种成分。中医认为，花生味甘，性平，归脾、肺经，具有润肺、和胃的功效。现代医学研究表明，花生油中的亚油酸可以分解胆固醇，减少胆固醇在体内沉积，防治心脑血管疾病。花生富含锌元素，锌能促进大脑发育，提升记忆力，激活人脑细胞，延缓衰老，具有抗老化作用。花生含钙量丰富，可以促进牙齿和骨骼发育，防止老年人骨骼退行性病变发生。花生中含有的白藜芦醇具有预防肿瘤疾病作用，同时还能抗血小板聚集，预防动脉粥样硬化。在花生中的蛋白质、脂肪和膳食纤维等因素协同作用下，会产生高饱腹感，进而抑制食欲。花生油富含天冬氨酸，可以解除疲劳。经常食用花生油，其所含不饱和脂肪酸、甾醇能润泽肌肤，使头发丰厚有光泽。花生红衣能抑制纤维蛋白的溶解，改善血小板的质量及增加其数量，加强毛细血管的收缩，促进骨髓造血，对各种贫血有明显效果。此外，常食花生还能抗癌防癌。一般人均可食用花生，尤其适宜于营养不良、咳嗽、咳痰、脚气病、冠心病、动脉硬化、出血性疾病及儿童、青少年和老年人等人群。

花生红枣饮

【食药材】花生100克，红枣50克，红糖适量。

【膳食制法】

1. 花生米、红枣洗净放入砂锅，加清水适量，武火烧开，文火煎煮30分钟，去渣取汁。
2. 药汁加入红糖适量，即可食用。

【功效与主治】益气健脾，补血养心。适用于贫血等疾病。对脾胃虚弱、气血不足所致的身体虚弱及产后病后血虚、肢倦乏力、面色淡白、指甲苍白等症状有一定疗效。

【膳食服法】餐时服用。

大枣配羊骨 益气养血，补脾益肾

【食材介绍——羊骨】

羊骨为牛科动物山羊或绵羊的骨骼。羊骨含有骨胶原、脂肪、磷酸钙、碳酸钙、磷酸镁、氟、钠、钾、铁等多种成分。中医认为，羊骨味甘，性温，归肾经，具有补肾强骨的功效。现代医学研究表明，羊骨中含有骨胶原、磷酸钙、碳酸钙、氟等成分，常食用骨头汤可以有效补充人体骨骼发育所需物质，有利于强筋健骨。羊骨营养丰富，并且骨头汤中营养物质易被人体吸收，天气寒冷时常食羊骨头汤可驱寒保暖，是广受人们喜爱的大补之品。一般人均可食用羊骨，尤其适宜于骨质疏松，佝偻病、久病体虚、腰酸腿软等人群。

红枣羊骨糯米粥

【食药材】红枣20克，羊胫骨2根，糯米200克，盐、胡椒粉等调味品适量。

【膳食制法】

1. 将羊胫骨敲碎，加水适量，武火烧开，文火煮2小时，去渣取汁。
2. 将去核红枣、糯米加骨汁、适量清水，煮成稀粥。
3. 加入适量盐、胡椒粉调味，即可食用。

【功效与主治】益气养血，补脾益肾。适用于腰痛等疾病。对脾肾阳虚所致的腰膝酸软、四肢乏力、耳鸣耳聋、畏寒肢冷、大便溏薄、倦怠乏力、少气懒言等症状有一定疗效。

【膳食服法】餐时服用。

大枣配鸭肉 补脾益气，滋养胃阴

枣参浇全鸭

【食药材】红枣30克，党参6克，白鸭1只约1000克，姜15克，葱15克，黄酒50克，湿淀粉15克，胡椒面3克，食盐等调味品适量。

【膳食制法】

1. 将鸭子杀好，洗净，沥干。

2. 将鸭擦干油水，黄酒抹遍鸭身，放入七成热油锅内炸至淡黄色出锅。红枣洗净备用。

3. 将鸭子加水，武火烧开，撇净浮沫，加入姜、盐、胡椒、葱、黄酒、红枣、党参。

4. 待鸭子熟透，取出鸭子，鸭脯向上摆于盘中，拣去姜、葱、党参。

5. 将原汤汁入锅，加入湿淀粉入锅勾成芡汁，淋于鸭身，即可食用。

【功效与主治】补脾益气，滋养胃阴。适用于虚劳、不寐、泄泻等疾病。对脾胃不足所致的身体虚弱、大便溏薄、烘热汗出、心慌不眠、周身乏力、少气懒言等症状，以及胃阴不足所致的胃脘灼痛、饥不欲食、心烦易怒等症状有一定疗效。本方久服，有一定美容养颜作用。

【膳食服法】餐时服用。

大枣配猪肘 补脾温中，益气养血

红枣煨肘

【食药材】红枣50克，猪肘1000克，冰糖100克，姜10克，葱10克，鸡骨1具，食盐等调味品适量。

【膳食制法】

1. 将猪肘洗净、划刀，姜、葱洗净，红枣温水洗净。
2. 将鸡骨、猪肘放于锅底，加清水，锅置武火上，待水烧开，撇去浮沫，加姜、葱、大枣、冰糖、食盐。
3. 将锅移至文火煨至肘熟，即可食用。

【功效与主治】补脾温中，益气养血。适用于虚劳、贫血等疾病。对脾胃气虚所致的饮食减少、身体羸瘦、面色淡白、指甲苍白、四肢乏力、气少懒言、大便稀薄等症状有一定疗效。

【膳食服法】餐时服用。

【附注】痰湿肥胖者不宜多食。

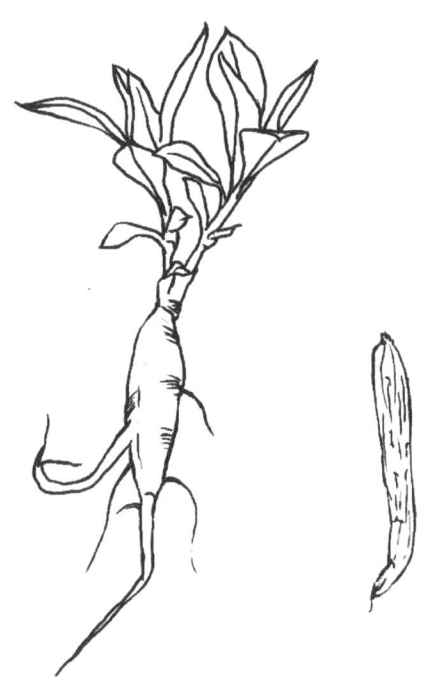

太子参

【来源】石竹科植物孩儿参干燥的块根。

【性味归经】甘、微苦，平。归脾、肺经。

【功效与主治】益气健脾，生津润肺。适用于脾肺气虚所致的心悸不眠、肺虚燥咳、虚热汗多、口舌干燥、食少倦怠等症状。

【药理成分】含有皂苷、果糖、多种氨基酸等。

太子参配苹果　益气养阴，生津止渴

【食材介绍——苹果】

苹果，为蔷薇科植物苹果的果实，是人们经常食用的水果之一。苹果含有碳水化合物、果胶、膳食纤维、苹果酸、酒石酸、鞣酸、维生素C、胡萝卜素、钙、磷、铁、钾等多种成分。中医认为，苹果味甘，性凉，归脾、肺经，具有生津润肺、除烦、解暑、开胃醒酒的功效。现代医学研究表明，苹果中的鞣酸、纤维素和维生素C能刺激肠道蠕动，加快排出体内毒素，抑制致癌物亚硝胺的形成，起到防癌抗癌的效果，同时还能降低脂肪，有利于减肥。苹果中的有机酸和维生素能够有效吸附胆固醇并加速其外排，预防动脉硬化。吃苹果还能增加胆汁分泌，避免胆结石形成。苹果是碱性食品，吃苹果可中和体内过多的酸性物质，增强体力和抗病能力。一般人均可食用苹果。溃疡性结肠炎、胃部不适者不宜单独食用。

山药苹果

【食药材】太子参10克，淮山药6克，薏苡仁6克，天花粉6克，鲜大苹果6个，冬瓜条30克，蜜樱桃50克，糯米20克。

【膳食制法】

1. 将苹果去皮，从蒂揭盖，去核。
2. 将太子参、花粉、淮山药洗净，烘干，打成粉末。
3. 将薏苡仁、糯米蒸熟，樱桃、瓜条切成小粒，加药粉拌制均匀，放于苹果中，入锅蒸至苹果熟透，即可食用。

【功效与主治】益气滋阴，生津止渴。适用于胃痛等疾病。对脾胃虚弱或胃阴不足所致的消化不良、食欲不振、胃部胀满不适、身体乏力、少气懒言、腹泻等症状有一定疗效。

【膳食服法】餐时服用。

太子参配面粉 健脾益气，补血养心

益气养血蛋糕

【食药材】太子参10克，炙黄芪5克，熟地3克，陈皮3克，党参3克，白术3克，茯苓5克，当归5克，川芎3克，炙甘草3克，炒白芍3克，鸡蛋300克，白面粉700克，白糖200克，熟芝麻30克，酵母粉适量。

【膳食制法】

1. 将以上中药洗净、烘干，制成粉末。
2. 将蛋打破，顺时针搅匀至蛋液出泡，加入面粉、酵母粉、中药末、白糖、适量水搅匀。
3. 将面制成薄饼，撒上芝麻，武火烧水，蒸至饼熟，即可食用。

【功效与主治】健脾益气，补血养心。适用于虚劳等疾病。对先天不足、精气耗损及气血虚弱所致的精神不足、面色淡白、少气懒言、肢体倦怠、动则气喘等症状有一定疗效。

【膳食服法】餐时服用。

育麟饼

【食药材】太子参5克，茯苓3克，山药3克，面粉200克，蜂蜜等调味品适量。

【膳食制法】

1. 将前三味洗净，打细粉，备用。
2. 将药粉与面粉混匀，加入蜂蜜调味，制成薄饼蒸熟，即可食用。

【功效与主治】健脾强脾，消食化积。适用于泄泻、虚劳等疾病。对脾胃虚弱所致的消化不良、大便溏薄、食欲不振、身体乏力、少气懒言及肺气亏虚所致的无痰干咳、虚热汗多等症状有一定疗效。

【膳食服法】餐时服用。

太子参配白糖　益气养阴，宁心安神

太子玉灵膏

【食药材】太子参6克，龙眼肉30克，白糖3克。

【膳食制法】

1. 将龙眼肉、太子参、白糖盛入碗中。
2. 碗口罩丝绵一层，置于饭锅上蒸之，连续蒸多次，即可食用。

【功效与主治】益气养阴，宁心安神。适用于虚劳、不寐等疾病。对气血亏虚所致的身体虚弱、神疲体倦、少气懒言、心慌不眠、睡中时醒等症状有一定疗效。

【膳食服法】餐时服用。

【附注】发热者慎用。

【医学分析】膳食中，龙眼肉性味甘温，有补益心脾、养血安神之效，用于治疗劳伤心脾、气血不足所致的心悸失眠、面色萎黄、神疲体倦、食少等症状。单用大剂量浓煎服，对神经性心悸、体虚即有一定疗效。太子参性凉，味甘、微苦，能益气养阴生津而清火热，故阴虚火旺或热病气阴两伤者用之甚宜。二味相配能增强补益气血之效，太子参还能制约龙眼肉偏温之性，相得益彰。故服用本品对气血亏虚所致的虚劳、失眠等症状有一定疗效。现代医学研究表明，龙眼肉对癌细胞有一定的抑制作用，并有降血脂、增加冠状动脉血流量和增强体质的作用，故对高血压及冠心病而体质虚弱等病症有一定预防及康复作用。

结　　语

　　长夏季暑气熏蒸，万物氤氲，湿热交迫而凝遏阳气。《黄帝内经》曰："仲夏通脾，主运化水谷精微，为人身气血生化源，故为后天之源。养生之道，在于养脾，脾气内应，祛湿为先，养消化，健胃消食矣。"长夏万物熏蒸，内应于脾，此时，人体宜顺应长夏季湿阻气机的特点，祛湿以畅气机，故长夏季宜养脾。本册所述药食同源类中药及食材搭配即体现了此思想。此外，笔者依据多年经验，还总结出具有健脾祛湿之效的长夏本草健身酒，其食药材包括白酒3升、炒薏苡仁15克、白扁豆15克、党参10克、白术10克、茯苓10克、陈皮10克、砂仁10克、炙甘草10克、广木香5克、菊花5克。制作工艺是先按照上述比例将所有原料清洗，晾干后粉碎过筛、称重；将中草药粉混合均匀后用纱布包严，和枸杞子50克一起投入白酒中密封浸泡，每日摇晃1次，15日后即可饮用。此长夏本草健身酒，按照中医学关于人体五脏功能与天气相适应理论中脾主长夏的原则，配伍上述原料，具有健脾祛湿、调中和胃、理气化痰的功效。长夏季坚持适量饮用，可祛除湿滞之邪，避免脾脏遭受侵袭。

食材索引

【小白菜】　见香薷配小白菜……4
【饴糖】　见生姜配饴糖……15
【大葱】　见生姜配大葱……20
【兔肉】　见芦根配兔肉……27
【猪肘】　见砂仁配猪肘……43
【蚶肉】　见砂仁配蚶肉……46
【香菇】　见苍术配香菇……52
【黄茶】　见苍术配黄茶……54
【鲤鱼】　见茯苓配鲤鱼……65
【土豆】　见薏苡仁配土豆……72
【猪肺】　见薏苡仁配猪肺……74
【高粱米】　见高良姜配高粱米……96
【平菇】　见高良姜配平菇……99
【羊头】　见荜茇配羊头……105
【菠菜】　见鸡内金配菠菜……125
【空心菜】　见麦芽配空心菜……127
【白蘑菇】　见莱菔子配白蘑菇……131
【羊肉】　见山药配羊肉……136
【鸡腿蘑】　见山药配鸡腿蘑……140
【猴头菇】　见山药配猴头菇……141
【甲鱼】　见山药配甲鱼……145
【西米】　见山药配西米……146
【羊奶】　见山药配羊奶……150
【银耳】　见白扁豆花配银耳……159

【橙皮】	见人参配橙皮……………………166
【羊肺】	见人参配羊肺……………………168
【胡桃肉】	见人参配胡桃肉…………………169
【毛豆】	见黄芪配毛豆……………………177
【鲈鱼】	见黄芪配鲈鱼……………………179
【羊肚】	见黄芪配羊肚……………………183
【虾皮】	见黄芪配虾皮……………………184
【丝瓜】	见黄芪配丝瓜……………………186
【鹅肉】	见黄芪配鹅肉……………………188
【牛舌】	见黄芪配牛舌……………………190
【鲫鱼】	见黄芪配鲫鱼……………………193
【猪尾巴】	见党参配猪尾巴…………………202
【猪蹄】	见党参配猪蹄……………………206
【牛肚】	见党参配牛肚……………………209
【猪皮】	见大枣配猪皮……………………240
【驼肉】	见大枣配驼肉……………………241
【花生】	见大枣配花生……………………246
【羊骨】	见大枣配羊骨……………………248
【苹果】	见太子参配苹果…………………252

膳食辅助性治疗索引

一、外感病证

1. **感冒**：邪犯肺卫、卫表不和的外感疾病，以鼻塞、流涕、喷嚏、咳嗽、恶寒、发热、全身不适、脉浮为主要特征。

苏叶生姜红糖饮	9
紫苏叶香包饭	12
凉拌紫苏叶	13
生姜红枣黄茶	16
生姜红糖茶	17
生姜糯米粥	19
生姜神仙糯米粥	20
五汁饮	28
藿佩绿豆汤	59
润肺猪肾冻	110
抗感咖啡	195
沙棘白糖饮	235

2. **痢疾**：邪气蕴结肠腑，大肠脂膜血络受损，传导失司，以腹痛、里急后重、下痢赤白脓血为主症。

姜椒羊肉馄饨	93
阿胶白菜汤	232

3. **中暑**：中暑是在暑热季节、高温和（或）高湿环境下，由于体温调节中枢功能障碍、汗腺功能衰竭和水电解质丢失过多而引起的以中枢神经和（或）心血管功能障碍为主要表现的急性疾病。

香薷莲藕茶	5
清暑银耳饮	159

二、肺病证

1. 咳嗽：肺失宣降，肺气上逆作声，咳吐痰液。

凉拌紫苏叶	13
生姜红糖茶	17
生姜蒸母鸡	22
生姜银耳椰子盅	22
芦根止渴兔丁	27
芦根冰糖饮	29
金荞麦绿豆粳米粥	36
金荞麦茶鸡蛋	36
金荞麦黄酒	37
厚朴冬瓜汤	62
茯苓白菜饮	68
薏苡仁猪肺粥	74
丁香芹菜汤	77
荸荠羊头	106
荸荠鲤鱼汤	106
润肺猪肾冻	110
麦芽山楂雪梨饮	129
蜜汁山药饼	143
人参橙皮汤	166
人参羊肺散	168
黄芪党参烧鲤鱼	178
二黄蒸牛肉	191
蜂蜜苹果饮	212
蜂蜜枸杞萝卜盅	213
阿胶糯米粥	231
阿胶杏仁糯米粥	232
沙棘白糖饮	235
沙棘山药芋头塔	236

　　　　醉在杏花村 …………………………… 236

　　　　沙棘苹果酸奶饮 ……………………… 237

　　　　沙棘金黄豆腐 ………………………… 238

2. **梅核气**：与情志有关，咽中如有异物梗塞，无咽痛。

　　　　人参橙皮汤 …………………………… 166

3. **喉痹**：指以咽部红肿疼痛，或干燥、异物感，或咽痒不适、吞咽不利等为主要临床表现的疾病。现代医学主要指急、慢性咽炎等。

　　　　蜂蜜苹果饮 …………………………… 212

4. **哮病**：发作性痰鸣气喘疾患。发作时，喉中有哮鸣音，呼吸气促困难，甚至喘息不能平卧。

　　　　人参核桃汤 …………………………… 169

5. **喘病**：以呼吸困难甚至张口抬肩、鼻翼煽动、不能平卧为特征。

　　　　金荞麦绿豆粳米粥 …………………… 36

　　　　厚朴香菇汤 …………………………… 63

　　　　薏苡仁猪肺粥 ………………………… 74

　　　　良姜鹿头肉 …………………………… 97

　　　　润肺猪肾冻 …………………………… 110

　　　　蜜汁山药饼 …………………………… 143

　　　　人参羊肺散 …………………………… 168

　　　　人参核桃汤 …………………………… 169

　　　　蜂蜜枸杞萝卜盅 ……………………… 213

　　　　阿胶杏仁糯米粥 ……………………… 232

6. **肺痈**：肺叶生疮，形成脓疡的疾病。以咳嗽、胸痛、发热、咳吐腥臭浊痰甚则脓血相间为主要特征。现代医学主要指肺脓肿等。

　　　　芦根竹茹粳米粥 ……………………… 26

　　　　金荞麦炖肉 …………………………… 35

7. **肺痨**：具有传染性的慢性虚弱性疾患，以咳嗽、咳血、潮热、盗汗及身体逐渐消瘦为特征。现代医学主要指肺结核。

　　　　生姜蒸母鸡 …………………………… 22

　　　　阿胶糯米粥 …………………………… 231

　　　　阿胶桑白糯米粥 ……………………… 231

三、心脑病证

1. **心悸**：心之气血阴阳亏虚，或痰饮瘀血阻滞，致心神失养或心神受扰，出现心中悸动不安不能自主的疾病。临床多呈发作性，每因情志波动或劳累过度而诱发，常伴胸闷、气短、失眠、健忘、眩晕等。

    茯苓白糖饼 …………………… 65
    花椒南瓜莴笋鸡 ……………… 87
    山药百叶粥 …………………… 139
    山药红枣粥 …………………… 142
    山药归参拌猪肾 ……………… 147
    药参猪肾 ……………………… 147
    山药枸杞蒸牛肉 ……………… 148
    扁豆人参粥 …………………… 152
    人参波菜饺 …………………… 163
    参枣粥 ………………………… 164
    参苓粳米粥 …………………… 164
    人参莲肉汤 …………………… 165
    黄芪羊肉益气汤 ……………… 185
    党参黄精煨猪肘 ……………… 198
    参归猪心 ……………………… 203
    党参补血猪肝 ………………… 204
    参归枣仁猪肝汤 ……………… 204
    红景天乌鸡汤 ………………… 221
    归参山药猪肾片 ……………… 224
    阿胶糯米粥 …………………… 231

2. **胸痹心痛**：胸部闷痛，甚则胸痛彻背、喘息不得卧，轻者仅感胸部隐痛、呼吸欠畅。

    良姜高粱粥 …………………… 96
    山楂炒茼蒿 …………………… 114
    山荷茶 ………………………… 118
    山楂酒 ………………………… 119

3. 眩晕：眼前发花或发晕，感觉自身或外界景物旋转，轻者闭目即止，重者如坐车船、旋转不定、不能站立，或伴有恶心、呕吐、汗出及扑倒等症状。

  香薷化湿鸽子蛋 ………………………………… 7
  苍术玄参香菇焖羊肝 …………………………… 52
  苍术猪肝包子 …………………………………… 55
  佩兰白菜汁 ……………………………………… 58
  山楂西芹平肝茶 ………………………………… 117
  山药枸杞炖猪脑 ………………………………… 136
  山药红枣粥 ……………………………………… 142
  山药归参拌猪肾 ………………………………… 147
  参枣粥 …………………………………………… 164
  黄芪猪肝汤 ……………………………………… 182
  益气活血粥 ……………………………………… 187
  二黄蒸牛肉 ……………………………………… 191
  党参黄精煨猪肘 ………………………………… 198
  党参补血猪肝 …………………………………… 204
  参归枣仁猪肝汤 ………………………………… 204
  参芪大枣粳米粥 ………………………………… 205
  刺五加蛋花汤 …………………………………… 217
  当归二乌汤 ……………………………………… 227
  阿胶糯米粥 ……………………………………… 231
  红枣猪肤羹 ……………………………………… 240

4. 中风：以突然昏扑、不省人事、半身不遂、口眼歪斜、言语不利为主症的疾病，轻者无昏倒仅见言语不利及半身不遂症状。

  益气活血粥 ……………………………………… 187
  黄芪猪肉羹 ……………………………………… 188

5. 不寐：心神失养或心神不安所致，以经常不能获得正常睡眠为特征。

  山楂西芹平肝茶 ………………………………… 117
  山药枸杞炖猪脑 ………………………………… 136
  山药红枣粥 ……………………………………… 142
  山药归参拌猪肾 ………………………………… 147
  扁豆人参粥 ……………………………………… 152
  人参菠菜饺 ……………………………………… 163

参枣粥	164
参苓粳米粥	164
人参莲肉汤	165
黄芪牛舌粥	190
二黄蒸牛肉	191
参归猪心	203
党参补血猪肝	204
参归枣仁猪肝汤	204
五加蒜泥白肉	215
刺五加饺子	216
刺五加蛋花汤	217
红景天乌鸡汤	221
归参山药猪肾片	224
当归溜黄菜	229
枣参糯米饭	243
枣参莲子粥	244
葱枣汤	245
枣参浇仝鸭	249
太子玉灵膏	254

6. **痴呆**：多由七情内伤、久病年老等病因，导致髓减脑消、神机失用，是以呆傻愚笨为主要临床表现的一种神志疾病。

| 山药枸杞炖猪脑 | 136 |

四、脾胃肠病证

1. **胃痛**：上腹胃脘部近心窝处发生疼痛的病症。

紫苏姜陈红糖茶	9
苏叶生姜红糖饮	9
生姜饴糖饮	16
芦根冰糖饮	29
金荞麦绿豆粳米粥	36
砂仁萝卜饮	43
砂仁肚条	44

砂仁炖牛肉	47
厚朴香菇汤	63
丁香粳米粥	78
八角茶蛋	82
八角卤鸭拼盘	83
火烧鲤鱼	84
花椒粉花卷	89
干姜黄茶饮	91
良姜炖鸡块	97
黑胡椒炸蛋	102
荜茇鲤鱼汤	106
六味牛肉脯	107
冬壳消脂瘦身汤	111
山楂粳米粥	114
大山楂丸	115
鸡内金粥	122
麦芽青空饮	127
山药小米粥	139
山药糯米红糖粥	143
山药鸡胗粥	144
温胃鸡蛋	167
白术猪肚粥	172
四宝鸡胗粥	193
党参山药糯米粥	201
当归生姜羊肉汤	225
红枣白术饼	246
山药苹果	252

2. **痞满**：由于中焦气机阻滞出现以脘腹满闷不舒为主症的病症，有自觉胀满、触之无形、按之柔软、压之无痛的临床特点。

香薷柠檬醋	6
麻仁粳米粥	41
砂仁炖牛肉	47
肉豆蔻汉堡	49

佩兰藿香黄茶	57
健脾莲花糕	109
枳壳牛肚汤	111
麦芽山楂雪梨饮	129
山药猴头菇汤	142
人参橙皮汤	166
白术陈皮粥	173
黄芪党参煮毛豆	177
党参牛肚汤	209
沙棘山药芋头塔	236

3. **腹痛**：以胃脘以下、耻骨毛际以上部位发生疼痛为主症。

香薷化湿鸽子蛋	7
紫苏叶黄酒	11
砂仁豆腐	45
砂仁爆肚肉	46
肉豆蔻饼	49
佩兰炒蛋	58
藿佩绿豆汤	59
厚朴苡仁猪肚汤	61
厚朴白术肉蔻粥	61
茯苓白雪糕	69
八角茶蛋	82
八角茴香盐水毛豆	83
花椒烧五花肉	86
花椒冬瓜豆腐汤	88
花椒粉花卷	89
二姜粥	91
良姜高粱粥	96
良姜炖鸡块	97
黑胡椒豆腐蛋花汤	101
黑胡椒炸蛋	102
胡椒土豆泥	103
荸荠胡椒粥	105

荸荠羊头	106
山楂炒茼蒿	114
淮药芝麻角	135
神仙黄茶	154
温胃鸡蛋	167
白术猪肚粥	172
参术四物烤全鸡	199
党参山药糯米粥	201
凉拌刺五加	216
当归生姜羊肉汤	225
当归生姜狗肉锅	228

4. 流涎：主要是脾胃积热或脾胃虚寒所致的涎液自流而黏稠，甚至口角赤烂或口角流涎清稀、大便溏薄、面白唇淡。

党参猪尾汤	202

5. 呕吐：胃失和降，气逆于上，迫使胃内容物从口吐出的病症。

紫苏姜陈红糖茶	9
紫苏叶香包饭	12
生姜韭菜牛乳饮	15
生姜饴糖饮	16
生姜糯米粥	19
生姜神仙糯米粥	20
芦根竹茹粳米粥	26
芦根冰糖饮	29
砂仁豆腐	45
砂仁爆蚶肉	46
肉豆蔻饼	49
苍术玄参香菇焖羊肝	52
九味醒脾茶	54
佩兰藿香黄茶	57
厚朴黄茶	62
丁香粳米粥	78
丁香雪梨饮	78
丁香酸梅除暑汤	80

火烧鲤鱼 …………………… 84

干姜黄茶饮 …………………… 91

良姜炖鸡块 …………………… 97

胡椒生姜鸡蛋汤 …………………… 103

胡椒土豆泥 …………………… 103

健脾莲花糕 …………………… 109

枳壳牛肚汤 …………………… 111

内金猪肚条 …………………… 123

莱菔白蘑菇粥 …………………… 131

莱菔绿豆饮 …………………… 132

山药猴头菇汤 …………………… 142

八宝粥 …………………… 152

参苓粳米粥 …………………… 164

白术猪肚粥 …………………… 172

白术陈皮粥 …………………… 173

党参牛肚汤 …………………… 209

6. 呃逆：胃气上逆动膈，喉间呃呃连声，声短而频，难以自制。

紫苏叶黄酒 …………………… 11

芦根竹茹粳米粥 …………………… 26

丁香芹菜汤 …………………… 77

丁香雪梨饮 …………………… 78

丁香肉桂草寇鸭 …………………… 79

胡椒生姜鸡蛋汤 …………………… 103

枳壳蒸猪肉 …………………… 112

麦芽青空饮 …………………… 127

莱菔绿豆饮 …………………… 132

山药猴头菇汤 …………………… 142

参苓粳米粥 …………………… 164

白术陈皮粥 …………………… 173

7. 厌食：见食不贪，食欲不振，甚则拒食的一种常见病证。

香薷柠檬醋 …………………… 6

紫苏姜陈红糖茶 …………………… 9

焦糖芋头 …………………… 50

佩兰炒蛋 ……………………………… 58
薏苡仁山药柿饼粥 ……………………… 75
八角卤鸭拼盘 …………………………… 83
花椒烧五花肉 …………………………… 86
花椒南瓜莴笋鸡 ………………………… 87
良姜乌鸡汤 ……………………………… 98

8. 泄泻：以排便次数增多、粪质稀溏甚至泻出如水样为主症。

金荞麦茶鸡蛋 …………………………… 36
肉豆蔻汉堡 ……………………………… 49
九味醒脾茶 ……………………………… 54
厚朴白术肉蔻粥 ………………………… 61
茯苓烧鲤鱼 ……………………………… 66
茯苓白菜饮 ……………………………… 68
茯苓白雪糕 ……………………………… 69
薏苡仁冰糖粥 …………………………… 71
薏苡仁猪肺粥 …………………………… 74
八角炒肉 ………………………………… 82
花椒粳米粥 ……………………………… 86
暖肾补阳饼 ……………………………… 93
姜椒羊肉馄饨 …………………………… 93
荜茇胡椒粥 ……………………………… 105
荜茇羊头 ………………………………… 106
六味牛肉脯 ……………………………… 107
健脾莲花糕 ……………………………… 109
山楂粳米粥 ……………………………… 114
山楂木耳粳米粥 ………………………… 118
鸡内金粥 ………………………………… 122
莱菔白蘑菇粥 …………………………… 131
淮药芝麻角 ……………………………… 135
山药羊肉汤 ……………………………… 137
山药羊肉粥 ……………………………… 137
山药百叶粥 ……………………………… 139
神仙粳米粥 ……………………………… 140

山药鸡腿蘑汤	141
山药糯米红糖粥	143
西米小汤丸	146
药参猪肾	147
山药枸杞蒸牛肉	148
八宝粥	152
扁豆人参粥	152
扁豆粳米红糖粥	153
扁豆羊肉粥	153
茄汁白扁豆	155
扁豆花馄饨	158
豆花粥	160
扁豆花饮	161
人参莲肉汤	165
白术猪肚粥	172
白术茯苓鸡翅煲	173
黄芪陈皮粥	180
黄芪蒸鹌鹑	184
黄芪羊肉羹	186
补中益气牛肉汤	192
参芪鸡丝蒸冬瓜	197
六君蒸鸭	200
党参猪尾汤	202
参芪牛肉煲	208
红景天粳米粥	220
阿胶白菜汤	232
大枣茯苓粳米粥	243
枣参浇全鸭	249
育麟饼	253

9. **食积**：不思或少思饮食，脘腹胀痛，呕吐酸馊，大便溏泻，臭如败卵。

山楂猪肉干	116
山楂木耳粳米粥	118
山楂兔肉锅	120

鸡内金粥 …………………………… 122

鸡内金蒸鳝鱼 ……………………… 124

麦芽山楂红糖饮 …………………… 128

麦芽山楂雪梨饮 …………………… 129

莱菔白蘑菇粥 ……………………… 131

莱菔绿豆饮 ………………………… 132

莱菔槟榔陈皮饮 …………………… 133

山药小米粥 ………………………… 139

山药鸡胗粥 ………………………… 144

西米小汤丸 ………………………… 146

凉拌刺五加 ………………………… 216

10. 便秘：由于大肠传导失司，导致大便秘结，排便周期延长。或周期不长，但粪质干结，排出艰难；或粪质不硬，虽有便意，但排便不畅。

紫苏麻仁芹菜粥 …………………… 10

火麻仁酒 …………………………… 39

麻仁当归猪蹄汤 …………………… 40

麻仁粳米粥 ………………………… 41

黑胡椒豆腐蛋花汤 ………………… 101

大山楂丸 …………………………… 115

山楂兔肉锅 ………………………… 120

内金菠菜粥 ………………………… 125

山药茯苓红糖包 …………………… 138

蜜汁山药饼 ………………………… 143

扁豆芝麻泥 ………………………… 156

蜂蜜香油饮 ………………………… 211

蜂蜜桂花蒸蛋奶 …………………… 211

蜂蜜苹果饮 ………………………… 212

沙棘苹果酸奶饮 …………………… 237

11. 虫证：寄生在人体肠道的虫类所引起的病证，包括蛔虫病、绦虫病、钩虫病、蛲虫病及姜片虫病等。

花椒粳米粥 ………………………… 86

莱菔槟榔陈皮饮 …………………… 133

12. 肥胖：由于过食、缺乏体力活动等原因导致体内膏脂过多，体重超过一定范围，或伴有头晕乏力、神疲懒言等症状。

  干姜瓜片饮 ………………………………… 94
  冬壳消脂瘦身汤 …………………………… 111
  扁豆羊肉粥 ………………………………… 153
  五白糕 ……………………………………… 154
  瘦身烤肉 …………………………………… 175

五、肝胆病证

1. 胁痛：由于肝络失和所致一侧或双侧胁肋部疼痛为主要表现的病症。

  火麻仁酒 …………………………………… 39
  麻仁鳖甲酒 ………………………………… 39
  内金菠菜粥 ………………………………… 125
  麦芽青空饮 ………………………………… 127
  神仙黄茶 …………………………………… 154

2. 耳鸣：耳鸣是在无外界施加声刺激或电刺激时，人的耳内或颅内所产生的一种超过一定时程的声音感觉。

  当归橘叶狗肉锅 …………………………… 228

六、肾膀胱病证

1. 水肿：多种原因导致体内水液潴留、泛滥肌肤，引起眼睑、头面、四肢、腹背甚至全身浮肿的病症。

  香薷小白菜汤 ……………………………… 4
  香薷莲藕茶 ………………………………… 5
  土茯苓薏苡仁冬瓜汤 ……………………… 32
  土茯苓猪骨汤 ……………………………… 33
  茯苓白糖饼 ………………………………… 65
  茯苓烧鲤鱼 ………………………………… 66
  茯苓赤小豆小米粥 ………………………… 68
  薏苡仁冰糖粥 ……………………………… 71

花椒冬瓜豆腐汤 …………………………… 88

干姜瓜片饮 ………………………………… 94

良姜鹿头肉 ………………………………… 97

良姜平菇羊肉汤 …………………………… 99

荜茇鲤鱼汤 ………………………………… 106

扁豆玉米大枣粥 …………………………… 155

白术茯苓鸡翅煲 …………………………… 173

黄芪党参煮毛豆 …………………………… 177

黄芪党参烧鲤鱼 …………………………… 178

黄芪烧鲤鱼 ………………………………… 178

黄芪炖鲈鱼 ………………………………… 179

芪药鹅肉煲 ………………………………… 189

四宝鸡胗粥 ………………………………… 193

芪苓烧鲫鱼 ………………………………… 194

参芪鸡丝蒸冬瓜 …………………………… 197

党参莲花鸡片汤 …………………………… 199

当归橘叶狗肉锅 …………………………… 228

红枣白术饼 ………………………………… 246

2. **淋证**：以小便频数短涩、淋漓涩痛、小腹拘急隐痛为主症。

内金菠菜粥 ………………………………… 125

白术黄草茶 ………………………………… 174

3. **癃闭**：以小便量少、点滴而出甚则闭塞不通为主症。

良姜平菇羊肉汤 …………………………… 99

4. **遗精**：指不因性生活而精液遗泄。

丁香肉桂草寇鸭 …………………………… 79

淮药芡实肉丸 ……………………………… 135

山药羊肉粥 ………………………………… 137

山药茯苓红糖包 …………………………… 138

山药桂圆炖甲鱼 …………………………… 145

药参猪肾 …………………………………… 147

山药枸杞蒸牛肉 …………………………… 148

三色甜烩菜 ………………………………… 149

　　　　强身起阳酒 …………………………… 170

　　　　黄芪虾皮汤 …………………………… 185

　5．**阳痿**：指成年男子性交时，由于阴茎痿软不举或举而不坚，无法进行正常的性生活。

　　　　丁香肉桂草寇鸭 ……………………… 79

　　　　暖肾补阳饼 …………………………… 93

　　　　山药桂圆炖甲鱼 ……………………… 145

　　　　三色甜烩菜 …………………………… 149

　　　　强身起阳酒 …………………………… 170

　　　　黄芪虾皮汤 …………………………… 185

　　　　党参莲花鸡片汤 ……………………… 199

　　　　当归橘叶狗肉锅 ……………………… 228

　　　　当归生姜狗肉锅 ……………………… 228

　6．**早泄**：指性交时过早射精，甚至未交即泄。

　　　　强身起阳酒 …………………………… 170

　　　　黄芪虾皮汤 …………………………… 185

　　　　党参莲花鸡片汤 ……………………… 199

　　　　当归橘叶狗肉锅 ……………………… 228

　　　　当归生姜狗肉锅 ……………………… 228

七、气血津液病证

　1．**郁证**：由于原本肝旺或体质素弱，复加情志所伤引起的气机失常，以心情抑郁、情绪不宁、胸部满闷、胁肋胀痛或易怒善哭、咽中如有异物梗塞等为主要表现。

　　　　红枣粥 ………………………………… 244

　2．**痰饮**：痰饮亦有狭义和广义之分。狭义之痰饮，系指由呼吸道所咳出的分泌物。而广义之痰饮，则除上述咳吐而出之痰液外，还应包括留滞于体内因水湿凝聚而成之痰饮水邪及无形之痰饮病证在内。

　　　　砂仁萝卜饮 …………………………… 43

　　　　九味醒脾茶 …………………………… 54

　　　　厚朴黄茶 ……………………………… 62

厚朴冬瓜汤 …… 62
茯苓赤小豆小米粥 …… 68
黑胡椒洋葱圈 …… 101
山荷茶 …… 118
扁豆羊肉粥 …… 153
扁豆玉米大枣粥 …… 155
白术茯苓鸡翅煲 …… 173
党参牛肚汤 …… 209

3. **血证**：各种原因引起的血液不循常道的病症。
薏苡仁菠菜粥 …… 73
山药红枣粥 …… 142
参枣粥 …… 164
黄芪补血鸡 …… 181
黄芪牛舌粥 …… 190
当归补血鸡 …… 224
阿胶糯米粥 …… 231
阿胶桑白糯米粥 …… 231
阿胶鸡蛋羹 …… 233

4. **汗证**：阴阳失调、腠理不固所致汗液外泄失常的病症。
参麦甲鱼 …… 67
薏苡仁山药柿饼粥 …… 75
玉屏风鸡汤 …… 174
黄芪炖鲈鱼 …… 179
黄芪党参粳米粥 …… 180
黄芪黑豆羊肚粥 …… 183
黄芪羊肉益气汤 …… 185
参归猪心 …… 203
参芪牛肉煲 …… 208
当归溜黄菜 …… 229

5. **消渴**：由于先天禀赋不足、饮食失节、情志失调、劳倦内伤等导致阴虚内热，以多饮、多食、多尿、消瘦为主要表现。现代医学指糖尿病。
芦根止渴兔丁 …… 27

　　　　丁香酸梅除暑汤 ………………………… 80
　　　　六味牛肉脯 …………………………… 107

6．内伤发热：以内伤为病因，以脏腑功能失调、气血阴阳失调为基本病机，以发热为主要表现的病症。

　　　　补中益气牛肉汤 ………………………… 192
　　　　六君蒸鸭 ……………………………… 200

7．虚劳：又称虚损，以脏腑亏损、气血阴阳虚衰、久虚不复成劳为病机，以五脏虚损为主要临床表现。

　　　　土茯苓砂仁煲鸡 ………………………… 32
　　　　土茯苓猪骨汤 …………………………… 33
　　　　厚朴苡仁猪肚汤 ………………………… 61
　　　　薏苡仁菠菜粥 …………………………… 73
　　　　八角炒肉 ……………………………… 82
　　　　八角茶蛋 ……………………………… 82
　　　　八角茴香盐水毛豆 ……………………… 83
　　　　良姜炖鸡块 …………………………… 97
　　　　良姜乌鸡汤 …………………………… 98
　　　　胡椒土豆泥 …………………………… 103
　　　　荜茇羊头 ……………………………… 106
　　　　六味牛肉脯 …………………………… 107
　　　　山楂猪肉干 …………………………… 116
　　　　山楂兔肉锅 …………………………… 120
　　　　内金猪肚条 …………………………… 123
　　　　鸡内金蒸鳝鱼 …………………………… 124
　　　　淮药芝麻角 …………………………… 135
　　　　山药羊肉汤 …………………………… 137
　　　　山药羊肉粥 …………………………… 137
　　　　山药茯苓红糖包 ………………………… 138
　　　　神仙粳米粥 …………………………… 140
　　　　山药红枣粥 …………………………… 142
　　　　山药糯米红糖粥 ………………………… 143
　　　　山药桂圆炖甲鱼 ………………………… 145

扁豆粳米红糖粥	153
扁豆羊肉粥	153
人参菠菜饺	163
人参粥	163
参苓粳米粥	164
黄芪烧鲤鱼	178
黄芪党参粳米粥	180
黄芪陈皮粥	180
黄芪鸡肉粳米粥	181
黄芪补血鸡	181
黄芪黑豆羊肚粥	183
黄芪虾皮汤	185
黄芪羊肉益气汤	185
黄芪牛舌粥	190
益气咖啡	194
参蒸鳝段	197
参芪大枣粳米粥	205
参枣粳米饭	206
五加蒜泥白肉	215
刺五加饺子	216
归参鳝鱼煲	223
当归补血鸡	224
当归生姜羊肉汤	225
当归羊肉羹	226
当归溜黄菜	229
红枣炖驼肉	241
枣参糯米饭	243
枣参莲子粥	244
红枣粥	244
枣参浇全鸭	249
红枣煨肘	250
育麟饼	253

太子玉灵膏 ………………………………… 254

八、经络肢体病证

1. **头痛**：外感邪气或内伤致使头部脉络拘急或失养，故清窍不利，以自觉头痛为主症。

  苏叶生姜红糖饮 ………………………………… 9
  麻仁鳖甲酒 ………………………………… 39
  佩兰白菜汁 ………………………………… 58
  荜茇胡椒粥 ………………………………… 105
  山药枸杞炖猪脑 ………………………………… 136
  益气活血粥 ………………………………… 187

2. **痹证**：感受风寒湿邪，痹阻脉络，气血运行不畅，引起肢体关节疼痛、肿胀、酸楚、麻木重着以及活动不利等主要病症。

  土茯苓粳米粥 ………………………………… 31
  苍术除痹酒 ………………………………… 53
  薏苡仁酒 ………………………………… 71
  参蒸鳝段 ………………………………… 197
  党参莲花鸡片汤 ………………………………… 199

3. **痿病**：肢体筋脉弛缓无力，不能随意运动，或伴有肌肉萎缩。

  土茯苓粳米粥 ………………………………… 31
  薏苡仁酒 ………………………………… 71
  山药桂圆炖甲鱼 ………………………………… 145
  黄芪虾皮汤 ………………………………… 185
  参蒸鳝段 ………………………………… 197
  六君蒸鸭 ………………………………… 200

4. **腰痛**：因外感、内伤或外伤导致腰部气血运行不畅，或失于濡养，引起腰脊及腰脊两旁疼痛。

  苍术除痹酒 ………………………………… 53
  山药茯苓红糖包 ………………………………… 138
  山药桂圆炖甲鱼 ………………………………… 145
  山药归参拌猪肾 ………………………………… 147

扁豆芝麻泥 …………………… 156

黄芪虾皮汤 …………………… 185

红景天棒骨汤 ………………… 220

归参山药猪肾片 ……………… 224

红枣羊骨糯米粥 ……………… 248

九、外科疾病

1. **疮疡**：由毒邪内侵、邪热灼血，导致气血凝滞而成的体表化脓感染性疾病。

　　土茯苓绿豆饮 ………………… 31

2. **脱肛**：指直肠脱垂，是直肠黏膜或直肠脱出肛外的一种病症。

　　枳壳蒸猪肉 …………………… 112

　　补中益气牛肉汤 ……………… 192

3. **阴挺**：妇女子宫下脱，甚则脱出阴户之外，或者阴道壁膨出的病症。

　　枳壳蒸猪肉 …………………… 112

4. **缺乳**：是指产后哺乳期内，产妇乳汁甚少或全无，称"缺乳"，又称"产后乳汁不行"。

　　党参猪蹄通乳汤 ……………… 207

5. **雀斑**：发生面部皮肤上的黄褐色点状色素沉着斑。

　　五白糕 ………………………… 154

　　刺五加什锦菜 ………………… 218

　　红枣木耳汤 …………………… 245

6. **痤疮**：痤疮俗称青春痘，是一种毛囊皮脂腺的感染性炎症。

　　刺五加什锦菜 ………………… 218

　　红景天粳米粥 ………………… 220

7. **褥疮**：由于局部组织长期受压，发生持续缺血、缺氧、营养不良而致组织溃烂坏死。

　　参芪地黄糯米粥 ……………… 201

8. **子痈**：睾丸或附睾的急慢性炎症疾病。

　　山楂炒茼蒿 …………………… 114

十、妇科疾病

1. **痛经**：指行经前后或月经期出现下腹部疼痛、坠胀，伴有腰酸或其他不适，症状严重影响生活质量者。

   姜枣红糖茶 ……………………………… 92
   山楂炒茼蒿 ……………………………… 114
   山荷茶 …………………………………… 118
   山楂酒 …………………………………… 119
   山药鸡胗粥 ……………………………… 144
   当归生姜狗肉锅 ………………………… 228
   沙棘白糖饮 ……………………………… 235

2. **崩漏**：是月经的周期、经期、经量发生严重失常的病证，其发病急骤、暴下如注、大量出血者为"崩"，病势缓、出血量少、淋漓不绝者为"漏"。

   良姜乌鸡汤 ……………………………… 98
   黄芪蒸乌骨鸡 …………………………… 191
   党参黄精煨猪肘 ………………………… 198

3. **围绝经期综合征**：指妇女绝经前后出现性激素波动或减少所致的一系列以自主神经系统功能紊乱为主，伴有神经心理症状的一组症候群。最典型的症状是潮热、潮红。

   黄芪黑豆羊肚粥 ………………………… 183
   红枣银耳羹 ……………………………… 242

4. **月经不调**：为月经周期或出血量的异常，可伴月经前、经期时的腹痛及全身症状。

   黄芪蒸乌骨鸡 …………………………… 191
   党参黄精煨猪肘 ………………………… 198
   党参莲花鸡片汤 ………………………… 199
   参术四物烤全鸡 ………………………… 199
   参芪大枣粳米粥 ………………………… 205
   刺五加蛋花汤 …………………………… 217
   当归二乌汤 ……………………………… 227

5. **月经量少**：月经周期基本正常，经量明显减少，甚至点滴即净；或经期缩短不足两天，经量亦少者，均称为"月经过少"。

  山药羊肉汤 …………………………… 137
  党参黄精煨猪肘 ……………………… 198
  参芪大枣粳米粥 ……………………… 205

6. **闭经**：闭经指正常月经周期建立后，月经停止6个月以上，或按自身原有月经周期停止3个周期以上。

  姜枣红糖茶 …………………………… 92
  山楂炒茼蒿 …………………………… 114
  山药鸡胗粥 …………………………… 144
  当归二乌汤 …………………………… 227

7. **带下病**：带下的量、色、质、味发生异常，或伴全身、局部症状，称为"带下病"。

  干姜瓜片饮 …………………………… 94
  淮药芡实肉丸 ………………………… 135
  山药羊肉汤 …………………………… 137
  药参猪肾 ……………………………… 147
  八宝粥 ………………………………… 152
  扁豆粳米红糖粥 ……………………… 153
  豆花煎蛋 ……………………………… 160
  芪苓烧鲫鱼 …………………………… 194

十一、眼科疾病

1. **夜盲**：指夜间或黑暗处不能视物或视物不清，对弱光敏感度下降，暗适应时间延长的重症表现。

  黄芪猪肝汤 …………………………… 182

2. **雀目**：指夜间视物不清的一类病证。

  苍术玄参香菇焖羊肝 ………………… 52